BLOCKCHAIN

秒懂区块链

彭程
[新加坡] 安东尼·路易斯
／著

台海出版社

- 前 言 -

基础定义

比特币[①]、区块链和加密货币所具有的涉及多种学科的属性，是我和许多其他同行喜欢这个行业的原因之一。当你试图理解其中任一个元素时，相关解释都会延伸出更多的问题。而这所有的一切都源于一个问题："什么是比特币"。这个问题的回答会涉及经济学、法学、计算机科学、金融学、社会学、历史学、地缘政治学等学科。你可以以比特币为主题开设一门相当全面的高中课程，并找到大量可供使用的素材。

这本书试图涵盖这些基础知识，目标读者是即使对前面所提到的各个学科都没有详细了解但善于思考的人，不同学科背景的人都可以在本书中找到感兴趣的章节。我会尝试使用各种类比去解释一些概念，并且尽力做到准确无误，希望每一位读者都能从这本书中学到一些新东西。

① 在本书中，我试图使用"比特币"描述概念或网络，用 BTC 描述货币单位。可以理解为我买了 5 个 BTC，然后在比特币区块链上看到了交易。

现在让我们从基础定义开始，我们将初步介绍在书中探究的一些名词和概念。

比特币和以太币是两种比较知名的加密货币（注意，在以太坊网络上的加密货币称为以太币，不过媒体经常误称为“以太坊”）。它们是由软件创造的电子形式的货币而非实体货币，没有发行人。同时，没有人、公司或实体从背后支持它们，也没有与它们相关联的服务条款或担保。它们像实体黄金一样简单存在，并根据创建和管理它们的代码所遵循的规则来创建或销毁。如果你拥有一些加密货币，那它们其实是你控制的资产，我们以后会再进行解释。比特币和以太币都是有价值的，可以兑换成其他加密货币、美元或其他主权货币（法定货币）。它们的价值是在被称为交易所的市场中决定的，在交易所里，买卖双方聚集在一起，以共同商定的价格进行交易。

除了被称为“币”以外，加密货币也可以被描述为电子资产，也就是说特定加密货币的拥有权可以在账户之间传递。这些账户在技术上称为地址，我们在后文将探讨地址的定义。当这些电子资产从一个账户转移到另一个账户时，它们会被记录在各自的交易数据库中，这个公共的交易数据库即是区块链。

一些电子资产还被称为代币，所以有时候我们会感到疑惑，该电子资产是加密货币还是代币呢？加密货币和代币都是通过密码学加密的电子资产，有时也被称为加密资产。代币被分成可替代的（一个代币可由另一个代币代替）和不可替代的（每个代币有自身的独特性）。与加密货币不同的是，代币通常由站在它们背后的已知发行者发行，代币可以代表法律协议（如金融资产）、实体资产（如黄金），或未来对产品和服务的使用权。

在标的物品是一种资产的情况下，你可以把代币当成一个数字代金券。如果它是由衣帽店发行的，你可以用它来兑换外套。这些代币有时被称为 DDRS——电子存托凭证。在标的物品是协议、产品或服务的情况下，你可以将代币视为音乐会组织者发行的音乐会门票，你可以凭借它在规定时间参加音乐会。

代币几乎可以代表一切。举一些例子，从金库中的金条[①]，到代表唯一的“加密猫[②]”（可收集的电子猫，其特定的视觉属性由其“DNA”代码决定）。

加密猫

加密货币和代币有什么共同之处呢？与它们有关的所有交易，包括它们的创造、销毁、所有权的变化等所有信息甚至包括未来义务都被记录在区块链上：一个充当最终的记录的数据库，也被称为

① https：//tradewindmarkets.com.

② https：//www.cryptokitties.co/kitty/234327.

“黄金源头”。这种说法代表了对当前电子资产存在状态的普遍理解。

比特币的区块链是一个不断增长的账本，从2009年1月3日第1个比特币的创建开始，到最新的从一个账户到另一个账户的转账或支付，它记录着每一笔比特币交易。以太坊的区块链不仅包括加密货币以太币的所有交易记录，还包括许多其他代币（比如那些代表密码猫的代币）的交易记录及其他相关数据，所有这些都记录在以太坊的区块链上。

每种区块链都有其独特之处，以至于现在几乎不可能对所有“区块链”进行一个统一的概括。其中一些区块链，如著名的比特币区块链和以太坊区块链都是完全公开的，这意味着它们的交易记录不仅可以由任何人来写入（不存在所谓的需他人授权或自身设立修改交易记录的情况），而且创建区块或验证交易不需要认证。也有一些区块链是私人的或有权限的，即有一个控制方控制参与者读取或记录交易。

到了这里我们可以总结一下，比特币协议本质上是一连串代码，它们通过比特币软件来运行。在运行过程中，它能创造比特币并记录所有关于比特币交易的信息——这就是比特币区块链。尽管并非所有加密货币或代币都是这个原理，但这有助于我们理解大部分加密货币和代币的原理，帮助我们更好地开启认识之旅。

有些人认为比特币是货币的一次进化——毕竟它被描述为一

种（加密）货币，为此我们要深入了解一下“货币”的定义。货币是什么？它一直以来都是以同一种形式存在吗？它有多成功？一些货币会比其他货币好吗？货币的本质能改变吗？加密货币能否与今天的货币相提并论，实现有货币形式时无法达到的某种目的？还是加密货币是今天货币的竞争对手，威胁到货币由国家来发行的现状呢？

本书适合对比特币和区块链知识不甚了解的读者，通过为读者解释比特币和区块链的基础知识，我相信最终帮助各位读者建立一个相当全面的认识。我们会从货币的定义和理解货币的本质开始，然后深入了解电子货币以及其价值如何在世界各地转移。接着，我们会在一个叫作密码学的数学分支中探索几个关键概念，这样我们就可以转向加密货币。在加密货币部分，我们会深入了解比特币网络和以太坊网络，以及比特币和以太币——它们是什么，如何购买、存储和出售它们，如何探索它们的区块链，以及管理它们，包括在全球范围内转移这种新型电子货币将面临的独特挑战。最后，我们将讨论银行和大企业正在探索的区块链技术类型，以及如何将区块链技术加入它们的数据库并开展更高效率的业务。

虽然本书可能掺杂着个人的一些偏见和兴趣，但在整本书中我会尽量保持中立。我不会过度赞扬它们，也不过度批评它们。这些技术是时代的趋势还是昙花一现，是否有用，是好是坏，我会让读者自己去总结。

目 录 | Contents

第一章

货币

实体货币和电子货币

现金或者说实体货币是人类历史上颇有意义的发明。你可以在任何时候随心所欲地转让（花费或赠送）所拥有的货币，而不需要任何第三方批准、审查或收取佣金。现金不会导致你的身份信息泄露，进而被盗用或滥用。当你收到现金时，这笔付款以后无法“撤销”（或者用行业术语说是退回），相比之下，信用卡支付和一些银行转账等电子交易仍存在“撤销”问题，这也是虚拟支付模式的一个痛点。在正常情况下，一旦你有了现金，它就是你的资产，并且在你的控制之下，而你可以马上将它再转给别人。你一旦转让实体货币，就相当于转让了一项金融资产。

但是传统的实体现金存在很大的问题：距离很远交易就行不通了。除非你亲自携带，否则你无法将实体现金转移给隔壁房间的人，更不用说地球的另一边了。这时候，电子货币的优势就体现出来了。

电子货币与实体货币的不同之处在于它非常依靠客户信任的记账员，他们会对客户持有的余额进行准确的记录。换句话说，你不能自己拥有和直接控制电子货币（至少在比特币出现之前，你不能拥有属于自己的电子货币）。要拥有电子货币，你必须在某处开一个账户，比如银行、支付宝，然后还要有一个电子钱包。这“某处”

是交易双方均认可信任的第三方，它们会记录你在它们那里有多少钱，或者更具体地说，它们必须根据你的要求给你多少钱，或者应你的要求转多少钱给其他人。你在第三方的账户是一份可信的记录：同步记录着你在它们那里存有多少钱，即它们欠你多少钱。

如果没有第三方，你需要和每个人保持双边的债务记录（无论你是否信任他们），但这并不可行。例如，如果你在网上买了一些东西，你可以尝试给这个商家发一封邮件，说“我欠你 50 美元，我们双方都记录一下”，但商家可能不会接受。首先是因为他没有理由信任你，其次是你的邮件对商家没有什么用处——他不能将你的邮件支付给他的员工或供应商。

相反，你指示银行给商家支付，银行会减少他们欠你的钱，而在另一端，增加商家账户所在银行欠商家的钱。从商家的角度来看，你对商家的债务没有了，取而代之的是银行与他们的债务。商家会非常高兴，因为他们信任他们选定的银行（至少他们对银行的信任超出了对你的信任），然后他们可以利用他们银行账户的余额做其他有用的事情。

与现金不同，电子货币通过增加和减少由可信中介机构保持的账户的余额来进行结算，而不是使用实体货币进行转移。虽然你可能没有这样想过，但其实很明显。我们稍后再来讨论这个问题，因为比特币这种电子货币与实体现金有一些共同的属性。

网上支付与实体卡支付有很大的区别。网上支付是输入数字，实体卡支付是刷卡。在业内，网上信用卡支付被称为“无卡交易”，而在商店的收银台刷卡称作“有卡交易”。网上交易（无卡交易）的欺诈率较高，因此为了防止诈骗，你需要提供更多的细节，比如住址和卡背面的三个数字。商家对此类支付收取较高的费用，以抵销预防欺诈的成本和欺诈造成的损失。

现金是一种不记名资产，它不记录也不包含身份信息（不像电子货币，大部分受法律规定需要进行个人身份识别）。如果要在银行、支付宝或其他受信任的第三方开设账户，法规要求第三方能够识别你的身份，因此你通常需要提供关于自己的信息，并提供独立的证据来支持，也有一些储值卡是不需要身份证明的，例如许多国家的公共交通卡，或者一些国家使用的低限额现金卡。

支付需要与身份绑定吗？当然不需要，现金已经证明了这一点。但是它们应该与身份绑定吗？这是一个人们不断争论的法律、哲学和道德问题。信用卡信息和个人身份信息（姓名、地址等）的经常被盗会给社会增添不少信用成本。

我们该如何定义货币

尽管我们都知道货币是什么，但是我们该如何定义货币？学术界普遍接受的定义中货币通常需要具备三个功能：支付手段、贮藏手段和价值尺度。

支付手段：意味着它是一种支付机制——你可以用它为某种东西付款、还掉债务或履行财政义务。作为一种优质的支付手段，它不需要被普世公认（没有什么是普世公认的），但应该在使用它的特定环境中被广泛接受。

贮藏手段：意味着在短期内，你的货币与今天的价值相同。作为一个好的贮藏手段，它能给你信心，你的货币在明天、下个月或明年几乎能买到同等的商品和服务。如果这一点被打破了，货币就会迅速贬值，这个过程通常被称为恶性通货膨胀。人们很快就会找其他方式来计算价值和进行交易，例如以物易物或使用其他更成功更稳定的货币。

价值尺度：意味着你可以用货币来比较两个商品的价值，或者计算你的资产总值。如果你想了解你所有的财产的价值，需要用货币来定价，通常会是你的本币（英镑、美元或其他主权货币），但理论上你可以使用任何货币。比如上次我计算时，我的书房里有价值 0.2 辆兰博基尼的小玩意儿。要成为一个好的价值尺度，货币需要有一个公认的或大家都能理解的资产价格，否则很难让其他人认可你资产的价值。

虽然有些人认为“良好的货币”应该满足所有功能，但也有人认为这三种功能可以由不同的工具来实现。作为支付手段的货币（可以用来直接清偿债务的东西）不一定需要成为长期的贮藏手段。

那今天的货币是良好货币吗?

究竟哪种货币是“良好货币”尚有争议。美元无疑是我们今天最成功的货币形式，甚至到目前为止可以被认为是最好的。美元能够被广泛接受，不仅在美国，甚至在其他国家也是如此，所以它是一种极好的支付手段。它也是一个很好的价值尺度，因为许多资产都是用美元定价的，包括原油和黄金等全球性商品。

美元作为贮藏手段的表现如何呢？根据圣路易斯联邦储备银行[①]的数据，从消费者的角度来看，美元的购买力自美联储 1913 年创立以来已经下降了超过 96%。

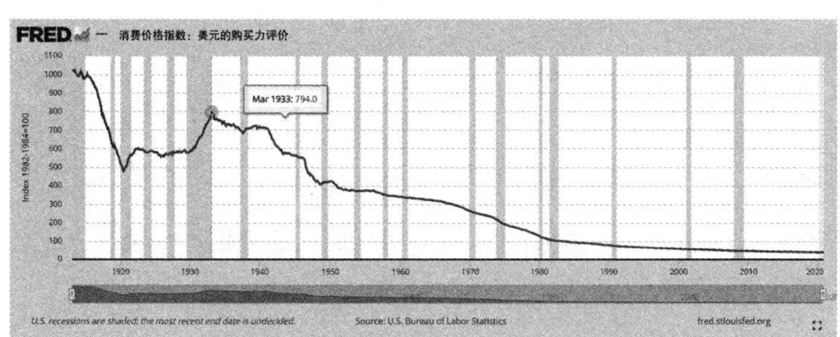

资料来源：圣路易斯联邦储备银行

鉴于美元的购买力随着时间的推移而大幅下降，从长期来看，美元的价值保持效果不佳。事实上，人们并不倾向于将钞票放在床

① 2018 年美国劳工统计局，所有城市消费者的消费价格指数，FRED，圣路易斯联邦储备银行。https：//fred.stlouisfed.org/series/CUUR0000SA0R.

垫下几十年，因为他们知道现金并不是一个很好的贮藏手段。如果他们这样做，会发现购买力在下降，或者更糟的是，纸币退出流通，不再被商店接受。事实上，美元与几乎所有政府发行的货币一样，会在政策的推动下不断贬值。我们可大致预测美元每年将失去几个百分点的购买力，这被称为通货膨胀（与货币通胀相反，这是指流通中美元数量的增加）。通货膨胀是用 CPI（消费者物价指数）上涨来衡量的，代表着典型的城市家庭支出[①]。这一揽子商品的构成会随着时间的推移而变化。政策制定者们会利用各种技巧调整这一揽子商品的构成，将通货膨胀率调整为他们认为更合理的数字[②]。

也许价值贮藏并不是良好货币必须具备的功能，经济学家和教科书上的说法并不一定完全正确。我们当然需要货币的三种功能，但也许不集中同一个工具上。货币只需满足了一种需要（即时清偿债务），而长期的贮藏需要可以通过其他资产更好地实现。从货币的“价值贮藏”功能来看，更多的是价值的短期可预测性，或者说消费能力。我需要知道明天或下个月的 1 美元是否能够买到和今天 1 美元差不多的东西，并能解决眼前的债务。但对于长期保值来说，也许住房、土地等其他资产更可靠。

① 美元购买力还有其他衡量指标，例如核心通货膨胀等。

② 有关更多信息，请参见 https：//www.bls.gov/cpi/questions-and-answers.htm。

加密货币如何打破货币的标准定义

比特币作为支付手段

作为一种交易媒介，比特币有一些有趣的特点。它是第一个可以在互联网上转移价值的电子资产，而无需任何特定的第三方批准或拒绝。它也是一种所有权可在交易双方之间自由转移的资产（无需通过第三方银行记账来确认所有权转移）。相较于普通货币，比特币的特点确实是新颖的。

这句话值得重复一遍：

比特币是第一个可以在互联网上转移价值的电子资产，而无需任何特定的第三方批准或拒绝。

你能用比特币付款吗？绝对可以而且随时随地。速度快吗？结算速度从几秒到几小时不等。不同的加密货币结算交易的速度不同。

比特币被广泛接受了吗？在它的社区中，它被广泛接受，比起传统的支付机制，有些人更喜欢使用它[①]。但从全球来看，它并没有被广泛接受。这种情况会不会改变？大众和企业能否接受比特币或其他加密货币？也许在大型稳定经济体中不会，但在不稳定的小型经济体中有可能会被接受。在决定是否应该优先使用比特币而不

① 我曾经在旧金山用比特币支付给房东几晚的住宿费。这比询问银行信息和进行国际支付要简单、便宜、快捷得多。重点是我们两个都用比特币。事实上，对于加密货币社区内的国际支付，用加密货币比用银行电汇要容易、便宜、快捷得多。

是其他货币时，有许多因素需要考虑。

那商家的接受情况如何？每隔一段时间，你可能会读到某个商家宣布接受比特币或其他加密货币作为支付手段的新闻。这难道不意味着比特币正逐渐成为支付手段吗？

这个问题需要一分为二、辩证地看待。实际上，大多数说接受比特币支付的公司，实际上并不接受比特币，也不会在资产负债表上列明比特币。相反，它们使用加密货币支付处理器作为中间人，用比特币向客户报出价格（根据目前各种加密货币交易所的比特币兑美元的价格），接受客户的比特币，然后将比特币兑换成等额的传统货币（行话说是法定货币）汇入商家的银行账户。

操作如下：

1. 顾客在“购物车”中放满商品，然后点击“结账”。

2. 他们会收到以当地货币计算的货物总价值以及支付方式的选项。

3. 客户选择“比特币”。

4. 然后，他们需要支付的比特币数量将被显示出来。支付处理器会通过使用在一个或多个加密货币交易所中比特币和当地货币之间的实时汇率来计算这个数字。

5. 在比特币价格变化之前，客户要在短时间内接受价格，否则支付处理器会重新定价。鉴于比特币的波动性，定价刷新时间甚至可以短至 30 秒。

这种做加密货币支付处理器的一个很好的例子就是 Bitpay[1]。在 2013—2015 年，一些商家宣布他们开始接受比特币。这对商家来说是很好的噱头，事实上很多公司都这样做（微软、戴尔，还有我最喜爱的维珍银河旅行的 Richard Branson 等）。想想看，2013 年，你可以购买一次太空旅行，并且用比特币支付！然而，宣布接受比特币支付后不久，许多商家已经悄然放弃了比特币作为支付方式。

所以，当商家说接受比特币作为支付方式时，从客户的角度来说，比特币是一种支付手段。但目前它还不是一个广泛使用的支付手段。2017 年 7 月，投资银行摩根士丹利制作了一份关于商户接受比特币支付的报告[2]，发现在 2016 年，世界前 500 强在线商户中只有 5 家接受比特币，而在 2017 年，这个数字已经下降到 3 家。

比特币作为贮藏手段

现在，让我们抛开关于“贮藏手段”是货币的有效属性还是资产的属性的争论。

相反，我们要问一个问题，你想通过贮藏货币得到什么？它是

① Bitpay，https：//bitpay.com.

② 弗兰克·查帕罗（Frank Chaparro），摩根士丹利：“比特币的接受程度几乎为零，并且正在下降。”《新加坡商业内幕》，2017 年 7 月 12 日，https：//www.businessinsider.sg/bitcoin-price-rises-but-retailers-wont-accept-it-7-2017。

能够让你更富有，好让你买更多的东西，还是保持价值，好让你规划人生？如果它的用处是让你更富有，好让你买更多的东西，那么你愿意为此承受多大的波动和下行风险？价值储存是短期的还是长期的？

比特币作为一种投机性很强的商品，投资表现十分出色。凡是从零开始，但是目前的价格还不是零的东西都是很好的。比特币在2009年的时候是以零价值开始的，而现在，不到十年的时间，每个比特币的价值已经达到了目前的几万美元。所以它自诞生以来肯定是升值的。但是你现在会买吗？你会把你所有的积蓄都转移到这个资产中以价值贮藏吗？好吧，由于它的价格波动性相对大多数法定货币来说非常大，如果你正在寻找一个稳定的价值贮藏手段，你应该不会这样做。如果作为长期的价值贮藏，你至少要找到一个可以让你在20年后的购买力与现在差不多的东西。当然，如果你在合适的时间买了比特币，比特币当然是一个很好的投资品，但它的波动性让它成为一个令人忧心的价值贮藏手段。

比特币或其他加密货币是否有可能像一些人对黄金的期望那样，长期保持价值？有可能。根据其目前的协议规则，比特币的创造速度是已知的（现在大约是每10分钟创造6.25个BTC）——而且这个速度会随着时间的推移而降低。因此，它的供应量是可以预测的，上限为近 2100 万 BTC，不像法定货币那样可以任意创造[1]。

如果需求稳定或增加，限制供应量有助于维持其价值，但是与需求无关的、已知的、可预测的、完全不弹性的供给等不利因素会导致价格永久性波动[2]，这对于想价值贮藏的你来说不是好事。

比特币作为价值尺度

作为价值尺度，比特币是挺失败的，原因是它对美元和世界上其他货币的汇率一直在波动。几乎没有商家愿意用比特币为商品定价（即使是那些出售与加密货币相关物品的商家），这证明比特币不是一个很好的价值尺度。

你不会用比特币来表示你的账户余额，也不会用比特币来为你的笔记本电脑定价，也肯定不会用比特币[3]做年终记账。如果你试图用比特币提交会计账目，你会违反所有司法管辖区的会计准则。即使你想把所有物品都用比特币计价，首先要算出物品的美元价格

① 不过需要注意的是，如果比特币社区大多数人同意的话，比特币的创建率和上限都可以做出改变。由于没有中央或正式的治理，规则可以根据社区的喜好进行修改，不过除非得到广泛的支持，否则很难推动那些有争议的改变。请参阅本书有关加密货币分叉的章节。

② Robert Sams 关于再抵押、通货紧缩、无弹性货币供应和货币，“电子长城”，2014 年 8 月 20 日，2018 年 7 月 26 日，http://www.ofnumbers.com/2014/08/20/robert-sams-on-rehypothecation-deflation-inelastic-money-supply-and-altcoins/。

③ 除非你是比特币交易员，并有权增加管理下的比特币数量。

（比如说，我的笔记本电脑大约值200美元），然后你要把这个数字按此刻比特币与美元的汇率换算成比特币。然后，在短时间内你可以说“我所有财产的价值是3.0364BTC”。在几分钟或几个小时后，这个数字失去了意义，因为比特币兑美元的汇率波动实在太快。

货币经济学家J. P. Koning将比特币的价格波动与黄金进行了比较，并在推特[①]上进行了如下分析：

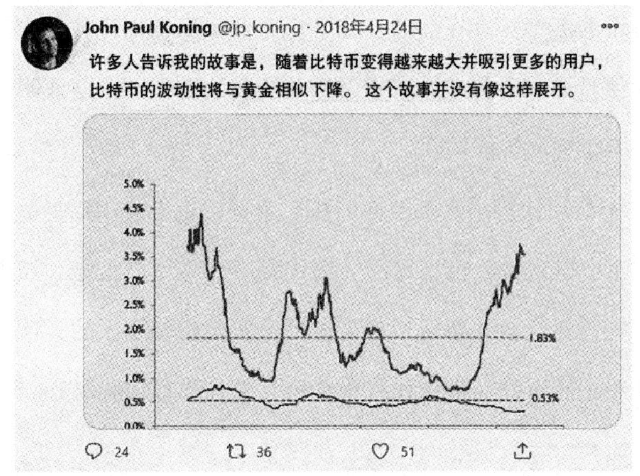

比特币的价格波动会降低吗？这谁也说不准，但我对此表示怀疑。我曾经听过的一个观点是：“当比特币的价格真的很高的时候，价格波动性会降低，因为它需要更多的资金来推动价格的涨跌。”

① J.P.Koning，2018年4月24日，晚上9点27分，http：//www. jp_koning/status/988771481810186241。

这个观点是有缺陷的。它的价格可以很高，但如果一个市场流动性不足，少量的资金还是可以把价格推高。稳定性更多的是由市场的流动性（有多少人愿意在任何价位买入和卖出）决定的，而不是资产的价值。但是，如果市场对资产价值的认知突然发生变化，即使是流动性很强的市场也会迅速变动。另外，这个论点是建立在比特币价格真的很高的前提下的，因此并没有理由认为比特币的价格已经“非常高”。

此外，如前所述，比特币的供应是没有弹性的。就算需求激增也不会影响比特币的产生速度，这与普通商品和服务不同，所以不会对价格产生抑制作用。这一点在比特币的任何价格都适用——即使波动性降低，交易者可能只需要更大的赌注推动价格变动，通常是用杠杆，令价格上涨或下跌。

也因为这个“稳定币”在市场上大行其道，有些稳定币和相关资产有 1:1 的支持，本质上是在试图将动态的价格与其他不同动态的价格挂钩，正如我们在下一节关于货币的历史中会看到的那样，从来没有人在这方面长期取得成功。挂钩最终都会失败。不过如果出现一个成功的稳定货币，事情会变得更加有趣[①]。

① 这里我说的是独立稳定的钱币，它不同于 100% 由其他东西支持的钱币（本质上是一种可按面值兑换支持资产的“存托凭证”）。

加密货币的当前状态

英国央行行长马克·卡尼于2018年2月19日在伦敦瑞金特大学的一次问答会议上总结了比特币的现状[①]：

“到目前为止在作为货币方面几乎都失败了。它不能作为价值储存，没有人把它作为一种交易媒介。”

比特币可能正在遭受初创期的成长之痛，但这并不意味着它的故事就此结束。根据Bitcoin Obituary网站的数据[②]，比特币已经被宣布死亡超过300次！但它还活着，至少它还在交易所里交易。似乎每次人们试图把比特币装进一个现有的概念里（“它是一种货币/资产/财产/电子黄金”），当它表现得与该概念应该具有的属性不匹配时，就会被宣布失败。也许理解比特币的时候不能试图把它装进任何现有的概念里，而是设计或定义一个新的概念，并根据比特币和其他加密资产的自身价值来判断其属性。

货币简史——揭开它的神秘面纱

到目前为止，我们已经讨论过加密货币，以及它们与我们目前

① David Milliken《英国央行卡尼称比特币作为货币已经“几乎失败”》。《路透社》，2018年2月19日，https：//www.reuters.com/article/us-britain-boe-carney-currencies/boes-carney-says-bitcoin-has-pretty-much-failed-as-currency-idUSKCN1G320Z。

② https：//99Bitcoins.com/Bitcoinobituaries/.

定义的“货币”的对比。但是，货币一直都是一样的吗？为了更多地了解加密货币，我们应该尝试了解货币本身的历史——它的成功、失败和技术创新。这是一个引人入胜的话题，因为有很多有趣的小插曲和常见的误解需要厘清。

关于这一主题的权威著作是 Davies Glyn[①] 撰写的《从古至今的货币史》，他是威尔士大学银行和金融学荣誉教授，花了 9 年时间撰写这本书。他的儿子 Roy Davies 在埃克塞特大学的网站上对他的工作进行了总结[②]。本节大部分的内容都是基于 Roy 的时间线来概述的，是经他许可后使用的。我相信你会发现这部分内容会非常吸引你，和当时我阅读时吸引我一样。

货币形式

念及它们所处的时代如下：

· 以物易物（一种物品交换另一种物品）；

· 商品货币（货币本身有价值）；

· 代表性货币（货币是有价值的物品的代表）；

① Davies Glyn，《从古至今的货币史》[M]，加的夫：威尔士大学出版社，1996 年版。

② http：//projects.exeter.ac.uk/RDavies/arian/llyfr.html.

· 法定货币（货币与任何有价值的东西完全脱钩）。

以物易物

众所周知，在货币发明之前，交易是在双方同意下通过交换物品来进行的。“先生，你的 5 只羊换我的 20 蒲式耳的上等玉米”。但以物易物是很难的，它要求你想要的东西对方有，同时，对方也想要你拥有的东西。当双方都商量好了，才能够进行交易，这种情况很罕见。经济学家把这种罕见的情况称为“双重巧合”，而在自给自足的经济体之外，这种情况几乎从未发生过。所以，有人说，货币是为了撮合交易而发明的。货币是每个人都乐于接受的东西，并且我们可以用货币换取其他东西，所以当你没有对方想要的东西的时候，货币就可以作为中间资产。综上所述，以物易物的低效率催生了货币。

这种论点在逻辑层面上似乎很有道理，但却没有一点证据支持它。这纯粹是幻想——教科书是错的！当你听到有人说货币是用来代替以物易物时，你可以和他们谈谈。

金钱解决了以物易物的低效率问题这一说法是随着 1776 年亚当 · 斯密在《国富论》中写的一个神话而流行起来的。伊莲娜 · 施特劳斯在《大西洋》杂志上发表的《以物易物经济的神话》一文中讨论了这一点[①]，她引用了剑桥人类学教授卡洛琳 · 汉弗莱

① https：//www.theatlantic.com/business/archive/2016/02/barter-society-myth/471051/.

在 1985 年发表的论文《以物易物与经济解体》[1]：

“从来没有描述过纯粹的以物易物的例子，更不用说由此产生货币了……所有现有的证据都表明，以物易物从来没有出现过。”

经济发展基于相互信任、互赠礼物、债务或社会义务。早期部落小而稳定，个体们一起长大，相互了解。部落内的信誉至关重要，所以人们不会食言。但是，人们仍然必须将某种债务或恩惠记录下来。交易（同时交换非货币商品）确实存在，但主要发生在缺乏信任的情况下，例如与陌生人或敌人，或者很有可能发生在对方以后很难偿还的情况下，例如与旅行商人交易。

货币的出现是为了解决偿还债务或恩惠的问题，比说货币的出现是为了解决双重巧合的需求更有道理。事实上，大卫·格雷伯在其引人入胜、影响深远的《债：第一个 5000 年》一书中，详细介绍了在货币之前就存在债务和信用体系，而债务和信用体系本身就出现在以物易物之前[2]。

商品货币

对于商品货币来说，所交易的实物货币本身就是有价值的，比如粮食有内在价值，而贵金属则有外在价值。

良好的商品货币具有稳定和众所周知的价值，并且相对容易保

---

① https：//www.academia.edu/3621994/Barter_and_Economic_Disintegration.

② Graeber David，《债：第一个 5000 年》，梅尔维尔出版社，2011 年版。

存、交换或“消费”。它们还需要一个一致及标准化的单位使交易变得更容易。例如，一定数量的谷物或牛，它们因可食用而具有内在价值；贵金属或贝壳，它们因稀少和美丽而具有外在价值。

注意，加密货币支持者喜欢使用的一个论点是，代币应该是有价值的，因为它们是稀缺的（“有史以来只有2100万个比特币，所以这就是它们的价值所在！”），这不是一个坚实的论据。某物可能是稀缺的，但这并不意味着它是有价值的。必须有一个或多个潜在因素使它成为大家理想的东西——具有美感、实用性或其他东西。而这些潜在因素创造了对该物品的需求。创造对比特币需求的两个潜在因素是：

1. 它是最被认可的可以在互联网上传输，而不需要特定中介机构的许可的价值工具；

2. 它是不受审查的。

代表性货币

代表性货币是一种货币形式，其价值是通过对某些基本物品的债权而产生的，例如金匠为其保管的一些黄金开出的收据，该收据可以转给另一方以转移其价值。你可以说该代币的价值是由其代表的资产的价值支持的。仓库账目或收据（或“代币”）由仓库中的货物价值支持，是代表性货币的极好例子。

代表性货币与商品货币的不同之处在于,代表性货币在赎回时,需要依赖第三方(如仓库的管理者或金匠)提供标的物，所以存在一定的交易风险。如果第三方不能提供该怎么办?

代表性货币类似于无记名债券，持有该票据的人有权收回其标的资产的价值(有时按需，有时在到期日)。这些代币就像我们今天使用现金结算一样，是商品货币(如贵金属硬币)和法定货币之间的过渡。

法定货币

商品货币逐渐被代表性货币取代，而代表性货币现在又几乎完全被法定货币取代。现在所有被认可的主权货币都是法定货币。法定货币(英文发音为 fee-at，拉丁文的意思是“让它去做”)之所以是货币，是因为法律规定，而不是因为它具有基本价值或内在价值。法定货币既没有内在价值，也不能兑换实物资产[①]。钞票上经常写着“我承诺在接到要求时向持票人支付 ××× 的金额”的声明，但如果你去找法定货币的发行者——通常是中央银行，说:“嘿，给我一些资产来换回这个。”你最多只能得到一张新的钞票。

那么，法定货币又是怎样产生的?为什么有价值呢?主要有两个原因:

① 中央银行确实持有黄金、金融资产和外汇，只是它们会在你在门口挥动钞票时把钱给你。

1. 它们被法律宣布为法定货币，这意味着在该法律管辖范围内，它必须被接受为债务的有效付款，因此人们使用它。

2. 各国政府只接受用自己的法定货币来纳税。这就使法定货币具有基础性的作用，因为每个人都需要交税。

《经济学人》将加密货币描述为具有货币特征[①]，但迄今为止，加密货币还没有在任何国家被宣布成为法定货币。我们将在本书后面继续讨论法定货币。

古往今来的货币

在这里，我试图挑选出货币历史上有趣的事件，这些事件有助于我们了解货币是如何发展到现在的形式的。

公元前 9000 年：牛——商品货币

最早期的商品货币形式是牲畜，特别是母牛以及粮食等动植物产品。从公元前 9000 年开始，母牛就被用作商品货币。因此，母牛可能是最持久的货币形式。直到今天，世界上仍有一些地方在使用它。例如，2018 年 3 月，肯尼亚的一户人家被盗了本来用于支付

---

① https：//www.economist.com/free-exchange/2017/09/22/bitcoin-is-fiat-money-too.

嫁妆的100头母牛。

母牛能通过经济学家喜欢用的三个“是否是货币”的问题的检验吗？历史告诉我们，母牛是一种交易媒介，符合支付手段这一点。如果将母牛用来购买东西，人们可能根据母牛了解其他物品的价格。这样的话，母牛也是一个不错的价值尺度。但它能进行价值储存吗？这有些复杂——母牛的价格会因品种和年龄的不同而不同，个体也有可能会死掉。但另一方面，母牛有利率，因为它们能够繁殖。所以，虽然任何一头母牛可能都不是很好的价值储藏，但牛群可以。货币经济学家喜欢争论这样的事情。

公元前3000年：银行

公元前3000—前2000年，银行在古巴比伦、美索不达米亚，也就是现在大致相当于伊拉克、科威特和叙利亚的土地上诞生。银行是由仓库演变而来的，仓库是保管粮食、牲畜、贵金属等商品的场所。

公元前2200年：银块

在公元前2250—前2150年，银锭被标准化，并由卡帕多西亚（今土耳其）的国家提供担保，这有助于它们被接受为货币。银是“金本位”时期的贵金属货币，这体现了货币形式的一个有趣转变：即从使用具有明显内在价值的商品（可以吃的牛和粮食）改为使用因稀缺性和耐用性而具有外在价值的商品。在这一转变过程中，你可以想象当时的人们和我们今天反对比特币一样，应该有着相同的观点。“是的，银币没有内在价值，我不能用它养活我的家人”。在下一次的晚宴上，如果“内在价值”又被提出来，你可以说“拜托，我们从公元前 2200 年就开始争论了”。

公元前 1800 年：规章制度

如果你想把监管制度的产生归功于某个人，那就归功于古巴比伦第六代国王汉谟拉比，他在公元前 1792 年——前 1750 年在位，制定了《汉谟拉比法典》。这套法律曾被认为是人类历史上最早的比较系统的法典，收录 282 条条文，包括经济条款（价格、关税、贸易和商业）、家庭法（结婚和离婚），以及刑法（袭击、盗窃）、民法（奴隶制、债务）。它还包括了最早的银行业务法律。

泥板上刻制的《汉谟拉比法典》　　资料来源：Wikimedia[①]

想想看，那些宣称监管没有必要的人，当他们在加密货币骗局中亏损时，又会要求监管必须做点什么。其实自法律首次被写下来的时候，监管的价值就已经存在了！

公元前 1200 年：贝壳货币

公元前 1200 年，贝壳在中国被当作货币使用。这些贝壳是海蜗牛，最常见于印度洋沿岸和东南亚海域。维基百科将贝壳描述为：

一组大的或小的黄宝螺，属海生腹足类软体动物。宝螺这个词也常被用来指代这些宝螺的壳，总的来说，这些宝螺的形状通常与

① Marie Lan Nguyen 自己的作品，公共领域 https：//commons.wikimedia.org/w/index.php？ curid=884154。

鸡蛋差不多，只是它们的底部比较平坦。

宝螺　　资料来源：wikipedia[①]

根据《世界海洋物种名录》[②]（WORMS），黄宝螺的动物学名称是 Monetaria Moneta（林奈，1758）。这种海蜗牛很“money”，科学家给它取名“money money”！

事实上，中国人比西方人更早地将这些生物命名为“货币”——贝，意思是贝壳或货币，它甚至看起来像——一个牛角。在中国，与金钱、财产或财富有关的字和词都经常使用这个部首。

① https：//en.wikipedia.org/wiki/Cowry.

② http：//www.marinespecies.org/aphia.php？ p=taxdetails&id=216838.

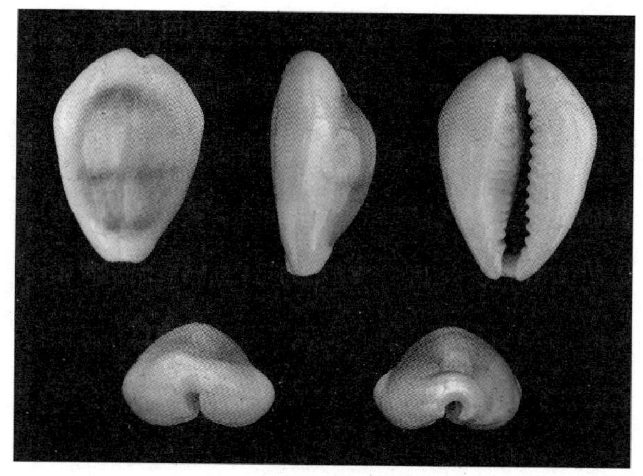

宝螺壳　　资料来源：wikipedia[①]

与牛一样，以贝壳当钱的做法一直延续到20世纪50年代的非洲部分地区。

公元前700—前600年：混合金属硬币

我们在公元前640—前630年的吕底亚（现土耳其）发现了硬币的最早例子，那里是一个拥有大量黄金供应的贸易中心。最早的硬币是由一种天然存在的金银混合物制成的，称为电子姆。2011年由Thomas Voegtlin创建的最早流行的比特币钱包之一也叫电子姆（Electrum）[②]！这并非巧合。

① https：//en.wikipedia.org/wiki/Shell_money.

② https：//electrum.org.

吕底亚钱币　　资料来源：britishmuseum.org[①]

根据大英博物馆的说法，这些钱币并不是统一的圆形，而是以标准重量制成的。根据他们的说法，在许多交易中，这些钱币是被称重而不是计数的。

公元前 600—前 300 年：圆形钱币

圆形钱币最早在中国出现，由基本金属（非贵金属）制成。这些钱币仍然是商品货币，它们的价值是金属的价值，而金属的价值很低。这些钱币在日常交易中是有用的。

① http：//britishmuseum.org/explore/themes/money/the_origins_of_coinage.aspx.

公元前 550 年：纯贵金属货币

吕底亚一定是铁器时代世界的“硅谷”，它不断创新，分别生产出银币和金币，并开始普及使用。我想这是“Fintech”（金融科技）最早的例子之一：用科技发明新的金融工具。如果下一次你碰到有人说他们是金融科技的先驱时，你可以告诉他们，公元前 550 年，吕底亚人才是先驱。

据大英博物馆馆长 Amelia Dowler 说：

> 白银的供应比黄金更大。随着白银价格的上涨，价值较低的银币可以用于小规模的交易，因此在市场上更受欢迎，银币也迅速流行起来，在公元前六世纪，地中海各地的希腊城市都开设了铸币厂[①]。

公元前 405 年：格雷欣法则的第一个例子

公元前 405 年，阿里斯托芬著名的政治讽刺剧《青蛙》诞生了。它讲述了狄俄尼索斯和他的奴隶的一段冒险历程，他们寻求将机智的诗人欧里庇得斯从冥界带回雅典。这部讽刺剧包含了第一个已知的格雷欣法则的例子，即劣币驱逐良币。这句话的意思是，如果别人愿意接受的话，你会保留好的或更有价值的货币，花掉坏的或不

① 来源于英国广播公司：http：//www.bbc.co.uk/ahistoryoftheworld/objects/7cEz771FSeOLptGIElaquA。

那么值钱的货币。所以，如果你可以选择花掉一枚纯金币或一枚贬值的金币（混有其他基本金属），而它们的面值都一样，那么你当然会花掉贬值的那枚，而好的货币（纯金的那枚）则从流通中消失。

公元前 345 年："铸币厂"与"货币"两个词的起源

在罗马市中心有一座神庙，里面供奉着朱诺·莫内塔女神。朱诺是保护女神，莫内塔来自拉丁文 monere，意思是"警告或建议"。据说朱诺女神经常对人们发出警告或建议。比如，公元前 390 年高卢人洗劫罗马前，朱诺女神的圣鹅给罗马指挥官马库斯·曼利乌斯·卡皮托利努斯当头棒喝：高卢人要来了，让他保护都城；还有在一次地震中，神庙里的声音建议罗马人献祭一头怀孕的母猪[①]。

从公元前 269 年开始，罗马的铸币厂就设在这座神庙旁，并持续了几个世纪。英语中的"铸币厂"和"货币"都来自朱诺·莫内塔。

公元前 336—前 323 年：黄金同白银挂钩

① 这个特殊的故事并不被学术界和历史学家普遍接受，但由于它涉及造币厂和货币这两个词的历史，我认为值得写一下。参见：http：//penelope.uchicago.edu/Thayer/E/Gazetteer/Places/Europe/Italy/Lazio/Roma/Rome/_Texts/PLATOP*/Aedes_Junonis_Monetae.html。

亚历山大大帝简化了白银与黄金的汇率，宣布了 10 单位白银等于 1 单位黄金的固定汇率。不过这个挂钩汇率最终失败了。

美国人在 18 世纪尝试了同样的事情，汇率为 15 : 1 和 16 : 1。后文我们将讨论什么是货币挂钩，如何管理它们，以及它们有多难维持。这对今天来说是有意义的，因为有很多人试图创造一种“稳定的”加密货币，其中一些依靠实体或自动智能合约来保持挂钩，在价格较低时买入，价格较高时卖出。

公元前 323—前 30 年：仓库收据——代表性货币

托勒密，亚历山大大帝的一个希腊保镖，自立为埃及统治者。他建立了一个王朝，统治埃及，直到公元前 30 年罗马征服埃及及克利奥帕特拉七世灭亡。统治者托勒密建立了一种仓库账户制度，在这种制度下，债务可以通过将谷物的所有权从一个所有者转移到另一个所有者手中来偿还，而无需实际移动储存在仓库中的谷物。

公元前 118 年：皮革钞票

方形的白色鹿皮和彩色的边框，在中国被用作货币。这可能是有记载的第一种纸币。后来中国又尝试使用纸质钞票，然后停用了几百年才重新启用。

公元前 30 年—公元 14 年：税制改革

盖乌斯·屋大维是恺撒（Julius Caesar）的养子，他扩大了罗马对各省的征税，使之前一直下放给各省的税收规范化。他引入了销售税、土地税和人头税。这些税种并不是都不受欢迎，尤其是在行省，因为在那之前，行省的税收是有些随意的。如果你讨厌交税，你可能更讨厌以随意的频率交随意的税。他还发行了新的、几乎不含杂质的金币、银币、铜币。

公元 270 年：贬值和通货膨胀

在接下来的 300 年里，罗马硬币的银含量从 100% 下降到 4%。贬值开始发生了！但正如我们前面所看到的，美元在这一时长三分之一的时间里贬值了 96%[①]。奥勒留皇帝等领导人试图净化货币的努力失败了，因为格雷欣法则，贬值的货币流通起来，而人们囤积不含杂质的货币。

公元 306—337 年：富人用黄金，穷人用劣币

基督教罗马的第一位皇帝君士坦丁发行了一种新的金币 Solidus。在接下来的 700 年里，这种金币被成功地使用，而且没有

① 这不是一个同类比较，因为我们不知道这些钱币的购买力在这一时期是如何变化的。

贬值，这是相当大的成就。然而他也发行了会贬值的银币和铜币。富人可以使用漂亮的闪闪发光的金币来保值，而穷人得到的是稳步贬值的货币。

公元 435 年：英国人 200 年内不再使用硬币

盎格鲁－撒克逊人入侵英国，之后 200 年内不再使用硬币作为货币！原来钱的形式取决于当时的政治。哪怕我们从小到大都用着同一个形式的钱，却并不意味着它能永远存在。

公元 806—821 年：中国的法定货币

由于铜出现短缺，中国皇帝唐宪宗发行了纸币，供那些想进行大额支付的商人使用。在接下来的几百年里，中国出现了大量的超额印刷和通货膨胀，导致纸币对金属货币贬值。这是我们反复听到的一个主题。

纸币通过一个威尼斯人，马可·波罗传播到了欧洲。他在 1275—1292 年在中国游历了很多地方，并深入地了解了纸币。

纸币在中国只使用了几百年，其间由于无节制地印刷纸币，通货膨胀率急剧上升。在 15 世纪，纸币就几乎离开人们的视线了。

14 世纪：英国的硬币缩小了一半

在 1344 年和 1351 年，国王爱德华三世两次降低了硬币的大小和质量。国王掌控着铸币厂，因此，较小和较差的便士意味着国王可以用同样数量的金属发行更多的便士，这意味着国王可以获得更多的利润或收入。

一切非商品货币形式的货币都在贬值，似乎是货币史上的一个共同主题。

1560 年：格雷欣法则

这一年又发生了一次货币改革：这次伊丽莎白一世女王回收并熔化了硬币，将基本金属和贵金属分开。托马斯·格雷欣成为女王的顾问，并注意到劣币驱逐良币现象。

17 世纪：金匠的崛起

英国的金匠成了银行家，因为他们的金库成为储存货币的地方，纸币和收据成为一种方便的付款方式。

17 世纪 60 年代：中央银行

世界上最古老的中央银行瑞典中央银行在瑞典成立。最初，它们吸取了瑞典第一家银行斯德哥尔摩银行（Stockholms Banco）的教训，不发行纸币。斯德哥尔摩银行发行了欧洲的第一张纸币（这种发行方式后来称为存款准备金制度），但发行的纸币超过了可以赎回的数量，因此斯德哥尔摩银行在钞票持有者要求赎回基础金属币时破产了。1668 年，瑞典中央银行成立，后来在 1701 年，它被允许发行纸币，这种纸币当时被称为信用券。约 200 年后的 1897 年，随着第一部瑞典中央银行法案的颁布，它获得了纸币印刷的独家经营权。

位于斯德哥尔摩老城区 Järntorget 广场的瑞典中央银行（Riksbank）

资料来源：Riksbank[①]

① https：//www.riksbank.se/en-gb/about-the-riksbank/history/1600-1699/first-building-of-its-own/.

瑞典中央银行以其创新能力著称：2009 年 7 月，它是第一家向商业银行收取资金以维持隔夜存款而不用支付利息的央行，并将隔夜存款利率推低至 - 0.25%（年化）。它在 2014 年和 2015 年深化了这一利率，以及其他相关利率。在量化宽松政策没有达到预期效果的情况下，这是一种通过鼓励放贷和消费而不是囤积资金来刺激经济的方式。

1727 年：透支

苏格兰皇家银行成立后，推出了一种透支功能，某些申请人可以在一定限额内借到钱，并且只收取所借金额的利息，而不是全额的利息。这是金融科技的一种新形式。

1800 — 1860 年：贝壳贬值

这是一个货币供应过多导致价格上涨的例子。当贝壳在 1800 年左右首次被引入乌干达时，一般只需两枚贝壳就能买到一个妇女。在接下来的 60 年里，随着大规模进口贝壳，物品价格不断上涨，到 1860 年，一个女人的价格达到了 1000 个贝壳。

雷石

如果我们不提起雅浦岛仍在使用的雷石（有时也叫飞石），货币的历史就不完整。

雅浦石币，西卡罗林群岛
摘自宾夕法尼亚大学考古系 W. H. Furness 博士的论文

雅浦岛是密克罗尼西亚联邦的一个小岛，在菲律宾马尼拉以东约 2000 千米处。它以其迷人的潜水和雷石而闻名。雷石是一种大的圆形石盘，中间有个孔，以方便运输。它们是从约 400 千米外的帕劳岛上采来的石料，用独木舟费尽周折运回来的，至今仍被当作货币使用。

雅浦的历史保护官员 John Tharngan 在接受 BBC[①] 采访时，解释了雷石的来源：

几百年前，雅浦的一些人出去钓鱼，然后迷路了，却意外地来到了帕劳。他们看到了那个岛上自然形成的石灰岩结构，觉得很好看。他们掰下一块石头，用贝壳工具在上面做了雕刻。然后把一块

① http：//news.bbc.co.uk/hi/english/static/road_to_riches/prog2/tharngan.stm.

形状像鲸鱼的石头带回了家，这块石头在雅浦语中叫“Rai”，这就是这个词的由来。

雷石的大小形状五花八门，从几个手掌的宽度到直径 3 米多，其价值主要取决于其历史，也取决于其大小和成色。根据货币经济学家 J. P. Koning 的博客 Moneyness[①]，在岛上待了一年的 W. H. Furness 在他 1910 年出版的《石钱岛，Uap of the Carolines》一书中写道：

一个直径有三只手长、颜色和形状都很好的雷币应该能买到五十个“食物篮子”—— 一个篮子大约有十八英寸长，十英寸深，食物是芋头根、去壳的椰子、山药和香蕉；或者，它的价值是一头八十或一百磅重的猪，或者一千个椰子，或者是一个手长加上手腕上三个手指宽的珍珠贝。我用一把小巧的短柄斧头换成了直径 50 厘米的优质白菜。为了换取另一个大一点的雷币，我给了一个 50 磅的提包。

在记录这些笨重的物品的所有权变更时，Tharngan 做出这样的评论：

知道谁拥有哪一块币是没有问题的，因为一所房子旁边的所有雷币往往都属于那所房子。所有在广场上发现的那些——它们的所有权确实会不时地转移，但转移总是在酋长或长老面前公开进行的，

① https://jpkoning.blogspot.sg/2013/01/yap-stones-and-myth-of-fiat-money.html.

所以大家都会记得哪个雷石是属于谁的。

还有一块大石头在海上丢失的案例。据记载，弗内斯听到了一个当地的算命先生讲述的传说。这位算命先生告诉弗内斯，几代人之前，有一块大石头在海上丢失了，尽管它实体不在，也没有人能够看到它，但这块石头仍然有不菲的价值。

这块特殊的雷石被一些经济学家用来证明原始社会中有法定货币的存在。然而，Dror Goldberg 在 2005 年的一篇论文《著名的货币神话》[①] 中认为这不是货币。没有证据表明这块石头被用于贸易，因为所有权仍然在家族中，而且丢失的石头的价值是由部落商定的，而不是由任何法律规定的。Goldberg 认为雷石具有法律、历史、宗教、美学和情感价值，但不是法定货币，此外，原始社会也没有任何法定货币的例子。

1913 年：美国联邦储备系统的诞生

1913 年，美国通过《联邦储备法》，建立了中央银行系统——联邦储备系统。该法案由有影响力的商业银行家起草，赋予中央银行对货币价格和数量的垄断权，并肩负增加就业和确保价格稳定的责任。该体系由公共部门和私营部门组成，地区性联邦储备银行由美国大型私人银行充当。

① https：//www.scribd.com/document/149418119/Famous-Myths-of-Fiat-Money.

在联邦储备体系下，美元在一段时间内仍采用金本位制，我们将在本书有关金本位制的章节中看到。

1999 年：欧元的诞生

1999 年 1 月 1 日，欧元正式成为欧盟各成员国的货币，其中包括：比利时、德国、西班牙、法国、爱尔兰、意大利、卢森堡、荷兰、奥地利、葡萄牙和芬兰。欧元纸币和硬币于 2002 年开始流通，该货币目前是 28 个欧盟成员国中 19 个成员国、6 个非欧盟管辖区和一些非主权实体的官方货币。

2009 年：比特币诞生

2009 年 1 月 3 日，第 1 个比特币被发明，或者说“开采”。比特币与货币有什么关系呢？我们往后会更深入地讨论比特币，但它最初被普遍描述为一种“货币”。仅仅因为“货币”这个词，人们就开始思考，它真的是货币吗？它是否具备传统货币的三大功能？货币到底是什么？比特币算不算货币？

监管者和政策制定者对如何定义比特币非常热衷，他们需要确定比特币是否属于他们的职权范围。我怀疑，如果比特币最初被描述为“加密商品”或“加密资产”，可能会有不同的结果。事实证明，比特币很难被归入现有的类别中，也许它和其他加密物品一样，属于一种新的资产类别。

然而对我们来说，比特币的定义并不重要。比特币有一些特性，使它从一个角度看像货币，从另一个角度看像黄金等商品。货币是看人眼色的。如今，我们有这么多不同形式的货币，它们的特性和取舍都略有不同，比特币和它的兄弟姐妹们，也会和其他形式的货币一起存在。

够好的货币

我喜欢用“够好的货币”这个概念。如果你的货币足以满足你的目的，那就已经可以了。例如，当我向同事借现金买午餐时，有时我会用 Grab 上的信用额度偿还他们。

Grab 是一款类似于 Uber 的打车应用，但针对亚洲地区进行了本地化，它还有一个钱包功能，你可以用信用卡或借记卡充值。这些信用额度以当地货币计价，可以用来支付行程、发送给其他用户或者用来支付购买一些商店的商品。我的一些同事用 Grab 打车，所以用 Grab 信用额度还钱对我来说没问题，对他们来说也没问题。因此，对于我们来说，Grab 信用额度是“够好的货币”，可以用于特定的小面值用途。但我不会用 Grab 信用额度买房子，也不会用 Grab 信用额度支付公司的大额发票。在这些情况下，它不会是“够好的货币”。

看来，只要能用货币做到一件事，人们和公司都会接受这种形式的货币 —— 无论是支付出租车费、结算发票，还是存起来长期增值。

金本位制

金本位制有以下几种类型：

1. 金币本位制。硬币是黄金制成的，并遵循一定的标准，具有一定的重量和纯度，这称为“金币本位制”。

2. 金块本位制。在发行人（通常是中央银行）那里，票据可以兑换成黄金，通常是以金条的形式，这称为“金块本位制”。

3. 不可兑换金块本位制。发行人声明其货币与一定量的黄金等值，但是不允许兑换成黄金。这代表着已经开始模糊纸币和法定货币之间的界限。

人们谈论金本位制时，通常是指金块本位制，其中的钞票代表一定量可以赎回的黄金。发行人通常是中央银行，将其与固定重量的纯金挂钩，并告诉世界可以将这种货币兑换成一定数量的储存在它们金库中的黄金。这种货币挂钩，我们之前讨论过，这意味着它们的金库中需要拥有黄金，并承诺可以用纸币兑换成黄金。如果不能兑换，那么这种货币就没有价值了。

当一些国家采用金本位制时，其各自货币之间的汇率将有效挂钩。从理论上讲，你总是可以出售一种货币换取黄金，然后购买已知数量的另一种“金本位制”货币。因此，货币与黄金的汇率也决定了货币与货币的汇率。在第一次世界大战期间，美元与英镑之间

的有效汇率为 $4.8665：£1，因为这两种货币都是金本位制。当然，在黄金的交易过程中，存储和运输涉及成本和风险，因此其是具有一定浮动空间的挂钩而不是绝对挂钩。

在看一个金本位制的例子之前，让我们先了解一些术语。黄金和白银以重量计，单位是格令和金衡盎司。1 金衡盎司有 480 格令，12 金衡盎司等于一磅。在标准单位中，1 金衡盎司是 31.10 克，大约比 1“标准”盎司（或 avoirdupois）的 28.35 克重 10%。不过旧习惯难改——在对黄金和其他贵金属定价时，金衡盎司仍然是当今使用的度量标准。

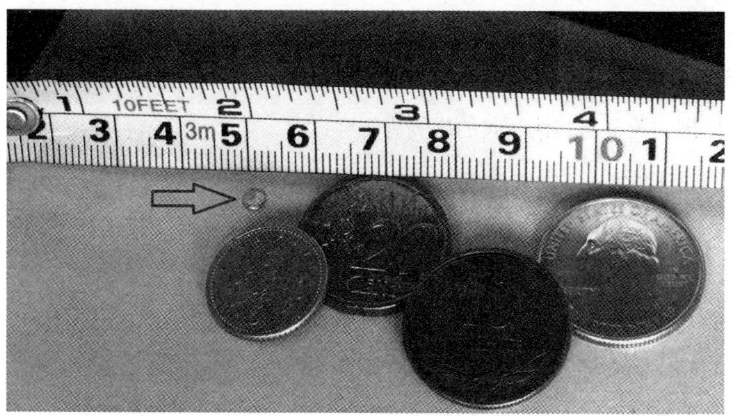

图中接近 5 厘米标记处的小金碟是一块纯金，重一格令（troy grain）

资料来源：维基百科[①]

① https：//zh.wikipedia.org/wiki/.

美国金本位制

尽管许多国家试图将其货币与黄金挂钩，但美国的这段历史很有趣。根据美国国会研究发布的《美国金本位制简史》[①]，美国在多个时期多次尝试将美元与黄金挂钩，但最终都失败了。让我们看看发生了什么。

1792—1834 年：双本位制。同时存在由政府铸造的标准化的金币和银币。1 美元的定义基于一定重量的银或一定重量的黄金，黄金与其他金属比例是 15∶1。由于世界市场对黄金的估值略高于美元所隐含的黄金价值，所以黄金流出了美国，美国国内主要使用银币。

1834—1862 年：银从美国逃离。美国改变了它们铸造金币的比例，黄金与其他金属的比例为 16∶1。

1862 年至南北战争：混乱时期和法定货币。美国政府发行了称为“美元”的票据。美元是被宣布为法定货币的票据，但不能兑换成黄金或白银。这使美国脱离了金本位制转而使用法定货币。美元在市场上没有了价值，和 1 美元相比，人们更愿意持有 23.22 格令的黄金。

1879—1933 年：真正的金本位。1 美元是根据南北战争前黄金（而非银）的重量定义的，每金衡盎司价值 20.67 美元。财政部

① https：//fas.org/sgp/crs/misc/R41887.pdf.

发行了金币和可兑换黄金的债券，美元再次可以兑换成黄金。美联储系统成立于 1913 年。

这里我提一件有趣的事情。这是一个艰难的政治时期，恰逢美国民粹主义的诞生。实际上，弗兰克·鲍姆（L.Frank Baum）的著作《绿野仙踪》（*The Wonderful Wizard of Oz*）被某些人视为政治讽刺，其中包含很多民粹主义寓言和货币政策评论。有很多文献提到这个，比如《黄砖路》《黄金：红宝石拖鞋》。在《绿野仙踪》中，稻草人是指农民，锡人指工人，飞猴指平原印第安人，胆小的狮子指内布拉斯加州国会代表，后成为民主党总统候选人的威廉·詹宁斯·布赖恩（William Jennings Bryan），巫师居住的翡翠城指华盛顿特区，巫师指一个通过欺骗行为获得力量的老人。罗杰斯州立大学历史学教授昆汀·泰勒（Quentin P. Taylor）在一篇引人入胜的论文《〈绿野仙踪〉中的金钱与政治》中对此进行了详细讨论[①]。

1934—1973 年：新政与金本位制的终结。1934 年的《黄金储备法案》使美元从 1 金衡盎司可兑 20.67 美元贬值至 1 金衡盎司可兑 35 美元，并终止了公民的兑换。富兰克林·罗斯福总统对国会说："黄金的自由流通是不必要的。"他坚称，黄金的转移"仅对支付国际贸易差额至关重要"。《黄金储备法案》禁止大多数人拥有黄金，强迫个人将其出售给金库。那些在金币或金条中添加黄金的人可能会被处以最高 10000 美元的罚款甚至入狱。根据维

① http：//www.independent.org/publications/tir/article.asp？ id=504.

基百科[①]：

一年以前，即 1933 年，第 6102 号行政命令将美国公民在世界任何地方拥有或交易黄金的行为定为刑事犯罪，但一些珠宝和收藏家除外。1964 年开始放宽了这些禁令，1964 年 4 月 24 日再次允许私人投资者使用黄金，到 1975 年，美国人可以再次自由拥有和交易黄金。

准黄金本位是根据 1944 年《布雷顿森林协议》提出来的。稍后将更详细地解释《布雷顿森林协议》。

1971 年：尼克松政府停止以 1 金衡盎司兑 35 美元的官方汇率自由兑换美元。这实际上结束了《布雷顿森林协议》。

1972 年：美元从 1 金衡盎司黄金兑 35 美元贬值到 38 美元。

1973 年：美元从 1 金衡盎司黄金兑 38 美元贬值至 42.22 美元。

1974 年：杰拉尔德·福特（Gerald Ford）总统允许使用私人黄金。

1976 年：美国放弃了金本位制：美元变成了纯法定货币。

因此，如果人们谈论金本位制，需要认清的是，如果人们无法赎回他们的财产，或不断更改汇率，那么就不是真正的金本位制。

① https：//zh.wikipedia.org/wiki/Gold_Reserve_Act.

法定货币及其内在价值

“是的，但是比特币没有内在价值。”我经常听到试图理解比特币价格的人们这么说。

但是，这不是反对比特币的很好论据。法定货币（美元、英镑、欧元等）也没有内在价值。实际上，法定货币都是没有内在价值的。

不理解也没关系！通过欧洲中央银行（ECB）网站[①]你可以了解到：

欧元纸币和硬币都是货币，银行账户上的余额也是如此。货币到底是什么？它是如何创建的，欧洲央行的作用是什么？

货币本质的变化

货币的形态随着时间的流逝而发展。早期货币通常是商品货币，是由具有市场价值的东西（例如金币）制成的。后来，代表性的货币包括可以兑换成一定数量的黄金或白银的票据。现代经济体，包括欧元区在内均以法定货币为基础。法定货币是由中央银行发行的货币，但与代表性货币不同，它不能转换成所代表的商品，例如固

① https：//www.ecb.europa.eu/explainers/tell-me-more/html/what_is_money.en.html.

定重量的黄金。它没有内在价值，因为用于纸币的纸张原则上是一文不值的，但由于人们相信中央银行能够随着时间的推移保持货币价值的稳定，因此可以接受以其交换商品和服务。如果中央银行未能做到这一点，法定货币将失去其作为支付手段的普遍接受性和作为贮藏手段的吸引力。

圣路易斯联储在播客系列的第九集“货币的功能”——经济低迷播客系列，说：

法定货币是没有内在价值的货币，并不代表某种资产。它的价值来自被发行国政府宣布为“法定货币”—— 可以用于付款。

因此，下次有人提出内在价值（inherent value）时，请耐心等待并向他解释内在价值并不重要，重要的是它在该资产中是否有效。它有用吗？好吧，法定货币很有用，至少它是你用来向国家交税的结算工具，而更广泛地说，法定货币，必须被商人接受。

如果你不交税，就会入狱甚至遭受更严重的惩罚。因此，有些人认为法定货币受到国家“暴力”的支持。另一些人认为，法定货币是由人们对国家机构的信任支持的，不过这有点含糊。但是，至少在某种意义上讲，加密货币最让人称道的不同：“比特币得到了数学的支持”才真正完全没有意义。尽管乍一听很厉害，但思考一下：数学用于确定哪些交易有效或无效，并用于控制创建比特币的速度，但没有“担保”，因为不像发行公司发行的债券或者美元有美联储资产负债表上的资产支持。

法定货币

当某货币被宣布为法定货币时，这意味着根据法规（法律），人们必须接受该货币作为履行财务义务的手段，并且可以用其支付税单[①]。

但是，并非所有纸币和硬币都是法定货币。一般来说，在本国管辖范围之外，货币不是法定货币。例如，英国人可以拒绝接受俄罗斯卢布进行债务偿还。这不会阻止收款人根据需要接受卢布；它只是阻止某人强迫收款人接受卢布。

另外，在许多国家或地区，你不能强迫收款人接受大量的零钱付款，对于什么才算是法定货币，有明确的规定。在新加坡，根据 2002 年《货币法》[②]，你不能强迫某人接受超过 2 美元的以 5 美分、10 美分、20 美分硬币组合方式进行的付款，你不能强迫某人接受超过 10 美元的以 50 美分硬币组合方式进行的付款。尽管以 1 美元硬币支付没有限制，但在 2014 年发生了一系列商人使用大笔零钱付款而备受瞩目的事件之后[③]，货币法被重新考虑，法定货币限额为每笔交易 10 枚硬币。这意味着每笔交易，付款人在法律上最多可以使用 10 枚 5 美分或 10 美分或 20 美分或 50 美分或 1 美元的硬币。

---

① 为了完整起见，我应该补充指出，有例外情况和提供私人交易的规定，前提是它们是双边同意的。

② https：//sso.agc.gov.sg/Act/CA1967.

③ 例如，https：//www.straitstimes.com/singapore/courts-crime/jover-chew-former-boss-of-mobile-air-jailed-33-months-for-conning-customers.

同样在新加坡，根据1967年《货币互换性协议》，文莱元与新加坡元也可以以1∶1的基础作为“习惯性的法定货币”。你可以在新加坡以相同金额的文莱元支付咖啡费用。par[①]标注了每个国家接受的其他货币。

津巴布韦使用美元作为商品定价和政府交易的主要货币，但也将以下货币列为法定货币：欧元、英镑、南非兰特、博茨瓦纳普拉、澳元、人民币和日元。它自己的货币津巴布韦元不在此列表中。津巴布韦元也有多种版本（定价不同），该国如何使用货币是一个有趣的研究案例。对于当地店主来说，这是一团糟，但是对于货币经济学家来说，这值得兴奋！

货币挂钩

货币挂钩是指官方宣布一种货币可以以一定的汇率兑换成另一种货币，并且通过匹配需求和供应维持该汇率。如果人们认为你的汇率错了，那么就会出现黑市，人们在黑市中以他们认为更准确的汇率进行货币交易。

那如何保持货币挂钩呢？首先，你可以发出威胁，宣布挂钩汇率，然后宣布对偏离汇率的人处以罚款、监禁，或更重的处罚。其次你还需要保持信誉，并尽力阻止黑市的出现。信誉来自两种货币

① https：//www.bullionstar.com/blogs/bullionstar/singapore–brunei–and–the–10000–banknote/for more on this arrangement.

都能够满足交易者对该种货币的潜在需求。

假设你是一个国家的国王，而你公布了一个汇率：一个苹果 = 一个橙子。如果由于某种原因人们都想要苹果，那么对苹果的需求将超过对橙子的需求。因此，人们可能会为一个苹果花两个橙子。但是你已经宣布要挂钩，因此每个人都会带着他们不想要的橙子来找你，每个橙子都要求换一个苹果。因此，为了保持固定汇率，你最好发行很多苹果。如果你没有这么做，那么就会出现一个黑市，人们将开始用一个苹果换两个橙子的汇率来交易，你的汇率将没有意义。因此，你需要储备的苹果至少与流通的橙子一样多。

反之亦然。如果人们都想要橙子，那么你将需要发行很多橙子，并且你将获得苹果（没人想要）作为回报。因此要保持汇率，你需要储备的苹果要与流通的橙子一样多。在现实世界中，如果需要以固定汇率将你要挂钩的货币以 100% 的比例支持法定货币，这种安排称为“货币委员会”。

虽然中央银行可以通过创造所需数量的法定货币来阻止其货币升值，从而限制其法定货币的价值，但要防止贬值更困难，因为它们需要用其他货币回购自己的货币以支撑其价格。

本质上，这就是乔治·索罗斯（George Soros）击败英格兰银行的方式：他拥有比银行更多的货币。

乔治·索罗斯（George Soros）和英格兰银行

Rohin Dhar 在 Priceonomics.com[①] 上详细讲述了这个故事：1990 年 10 月，英格兰银行（Bank of England）加入了欧洲汇率机制（ERM），并承诺将德国马克和英镑的汇率保持在每英镑 2.78—3.13 马克。1992 年，对市场来说，英镑的该汇率属于被高估了，即使汇率已下跌达到了每英镑 2.78 马克的底价，英镑的实际价格应该会更低。

在 1992 年 9 月之前的几个月中，索罗斯通过他的量子对冲基金以所能达到的最大额度借了英镑，然后卖给了愿意买的人。借用某种东西，卖掉，然后再以较低的价格买回来，这被称为“做空”。根据《大西洋》[②] 上的一篇文章，索罗斯建立了价值 15 亿美元的英镑空头头寸。9 月 15 日（星期二）晚上，该基金加大了杠杆并卖出了更多英镑，将其空头头寸从价值 15 亿美元扩大至价值 100 亿美元，并在隔夜英格兰银行不知情的情况下将其巨额英镑储备抛向了市场。

第二天早上，英格兰银行不得不购买英镑，以支撑英镑的价值并维持其承诺的对美元的汇率。但是英格兰银行可以用什么购买英

---

① https：//priceonomics.com/the-trade-of-the-century-when-georgesoros-broke/.

② https：//www.theatlantic.com/business/archive/2010/06/go-for-the-jugular/57696/.

镑呢？他们的储备＝其他货币或借入的钱。英格兰银行宣布，他们将借入多达150亿美元以购买英镑。索罗斯准备出售那笔款项，以满足英格兰银行的需求。这是一种博弈游戏，银行分几批购买了10亿英镑，并将短期利率提高了两个百分点，以使索罗斯的贷款变得昂贵（请记住，索罗斯正在借英镑出售英镑，并必须支付英镑的利息——他在借钱）。但为时已晚，市场没有反应，英镑的价格也没有上涨。当天晚上7时30分，英格兰银行被迫退出欧洲汇率机制（ERM）并让英镑浮动。在接下来的一个月中，英镑的价格从每英镑2.78马克下跌至2.40马克。那个关键的星期三被称为“黑色星期三”，索罗斯被称为打败英格兰银行，打破英镑和美元汇率挂钩的人。

《布雷顿森林协议》

布雷顿森林会议是一个关于国际货币挂钩的“委员会”。1944年7月1日，在第二次世界大战期间，来自44个国家的代表在美国新罕布什尔州的布雷顿森林举行了为期21天的讨论会，以使商业和金融关系正常化。

结果是达成了一种国际金本位制协议，其中美元以每金衡盎司35美元的价格锁定黄金价格，其他货币则以1%的浮动空间锁定美元，可以在美国财政部赎回黄金。国际货币基金组织也在这时成立，同时成立的还有国际复兴开发银行（IBRD，后来成为世界银行的一部分）。当时，美国普通人仍然被禁止拥有非珠宝黄金。

在此之前的 1931 年，英国和除加拿大外的英联邦大部分地区以及许多其他国家都放弃了金本位制。因此，布雷顿森林体系标志着一定意义上黄金本位制的回归。

《布雷顿森林协议》效果不佳。各国经常让它们的货币相对美元和黄金贬值。例如，在 1949 年，英国将英镑贬值了约 30%，从每英镑兑 4.30 美元贬至每英镑兑 2.80 美元，许多其他国家也纷纷效仿。它们为什么要这样做呢?

1971 年，在美国停止允许美元兑现黄金后，布雷顿森林体系破裂。此时恰逢美国黄金储备大幅下降，国外对美元的债权增加。

量化宽松

量化宽松（QE）通常出现在有关法定货币的讨论中，人们称其为“印钞”，但其实并没有那么简单。量化宽松是一种对银行机构（通常是中央银行）货币政策的委婉解释，它增加了流通中的法定货币数量，以刺激疲软的经济。因此，人们担心这笔额外的钱会“稀释”现有资金的价值，这使人们担心法定货币系统的可持续性。

对于量化宽松而言，“印钞”是一个糟糕的描述。想想看——

如果央行真的以实体或数字方式“印制钞票”，它将赠予谁？结果会如何？

那么，量化宽松如何运作？中央银行一般选择从二级市场的私营部门（商业银行、资产管理公司、对冲基金等）购买资产，通常是债券。中央银行可以在某种程度上通过从私营部门购买金融资产以增加货币流通，或向私营部门出售金融资产以减少流通货币，来控制平衡。

为什么是债券？因为我们会比较放心，我们的中央银行仅持有安全资产，债券通常被认为是安全的，或者至少比其他金融工具更安全。它们的价值也受利率影响，而中央银行对此有一定程度的控制权。

中央银行可以从谁那里购买债券？下一节我们会讲到，中央银行与某些称为清算银行的商业银行有财务关系，这些商业银行在中央银行拥有账户，称为储备账户。因此，中央银行从清算银行购买债券，然后清算银行用新资金来发行贷款。清算银行还可以充当希望通过清算银行向中央银行出售债券的其他债券持有人的代理人。

中央银行通过购买政府债券（美国国债等）开始量化宽松，因为它们被认为是风险最低的债券。当它们用完那些债券后，它们便转向更具风险的债券，例如公司发行的债券。问题产生了，中央银行最终在其资产负债表上拥有一堆风险债券，而从资产负债表的角度来看，正是债券“支撑”了货币。

量化宽松有两个隐忧

1. 量化宽松政策过多时，货币价值将下降，因为其中有更多的货币在私人部门中流通，这对储户来说并不好，而且还可能导致通货膨胀（尽管我们尚未看到这一点）。

2. 中央银行拥有可能会贬值的风险性金融资产，当其拥有的资产价值下降时会使中央银行的资产负债表所代表的价值缩水。

通过最近一次全球金融危机以来的资产负债表我们可以看到量化宽松对中央银行的影响：

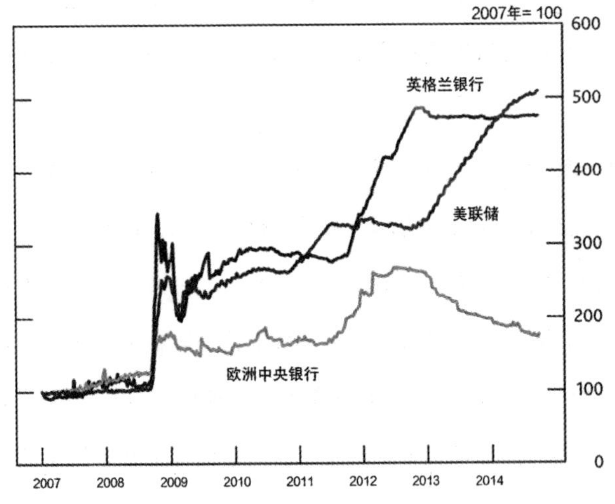

中央银行资产负债表的近期增长

资料来源：英格兰银行[①]、欧洲中央银行和美联储

① https：//www.bankofengland.co.uk/-/media/boe/files/ccbs/resources/understanding-the-central-bank-balance-sheet.pdf.

总结

货币的历史以失败为主要特征。通货膨胀、稀释、贬值、废除、重新投入货币以及创建价值越来越低的新代币的情况经常出现。金钱的主题似乎是，无论采取什么形式，都会通过贬值或过度创造而逐渐疲软，直到达到一定限度后进行改革。

货币贬值的速度似乎有所增加，最新的贬值实验是量化宽松。除非有100%的储备金支持，否则货币挂钩很难管理，尽管货币挂钩可以成功一段时间，但历史证明大多数情况下最终都会失败，或是需要挂钩国付出沉重代价。

法定货币是最好的货币解决方案吗？有些人认为加密货币是一些新的挑战者，政策制定者关于加密货币的叙述已经从忽略加密货币转变为说它们对经济稳定没有威胁，再转向讨论其潜在威胁。国际清算银行在2018年6月发布的BIS年度经济报告[①]中的一章内容如下：

第三个长期挑战是金融体系的稳定性。加密货币和相关的自执行金融产品的广泛使用是否会引起新的金融漏洞和系统性风险还有

① https：//www.bis.org/publ/arpdf/ar2018e5.pdf.

待观察，需要密切监测事态发展。

尽管我们拥有比以往都更好的工具和技术，但是人类仍然是人类，并且仍将尽其所能地获得并保持权力和财富，结果经常犯与前人相同的错误。

第二章

电子货币

理解如何使用电子货币来清算债务是非常有价值的。在我的职业生涯中，曾与很多行业的人共事过，从应届毕业生到经验丰富的专业人士，但我很少遇到真正了解付款方式并能清楚地说明金钱如何在金融体系中流动的人。

银行同业如何付款

银行每时每刻都在进行交易，有时来自其客户的指示，有时来自其自身的业务需要。在这里，我们将研究当客户希望向其他银行的客户付款时产生的银行间的付款。

我们很容易理解直接用现金购物而无需第三方的实物支付，这个可以称为“点对点”支付，你只需将现金交给收款人，不需要付款给第三方。现金付款也可以免于审查。如果你是收款人，你可以非常放心，只要检查是不是真钱就可以。此外，付款人不能使用相同的现金同时向你和其他人付款（因为实物现金不能在两个地方同时存在）。然而进入电子世界后，事情就变得稍微复杂一点了。电子资产易于复制，你无法用电子资产像现金一样来付款。即使你可以，但是收款人不会承认它的价值，因为他们无法分辨它是否是唯一的。他们也无法确保你发送给他们后就将该电子资产删除，也无法确定你是否会将它的副本付给其他人[①]。电子资产的问题称为双重支持（“双花”）问题。

维基百科[②]将双重支付描述为：

这是电子现金中的潜在缺陷，单个电子货币可以不止使用一次。因为电子货币可能由一个电子文件组成，可以重复或被伪造。

电子货币世界通过使用独立第三方来解决这个问题，由于他们受到监管，可以相信他们会按照真实的交易进行记录并遵守某些规则。例如你相信 PayPal 不会凭空创造 PayPal 美元，因为每个 PayPal 账户余额都必须有同等数额的银行余额来支持，你相信监管机构会做好它们的工作。你还相信，当你指示银行进行付款时，付出的金额与收款人账户增加的金额相同（当然，会有一些费用）。

因此，对于任何形式的电子资产，你都需要一个可信赖的记账者来维护账户，并且遵循一些众所周知且值得信赖的规则。他们通常会从监管处获得许可证来增强你对他们的信心，并相信他们会根据某些标准开展活动。

现在，我们来深入探讨一下借方和贷方如何记账从而产生资金变动的结果，即付款是如何进行的。

电子货币是如何从一个银行账户转移到另一个银行账户的？当

① 让我想起了电影，其中有坏蛋将数据卖给另一个坏蛋，也许是秘密特工的名单，并保证这是唯一的副本。

② https：//en.wikipedia.org/wiki/Double-spending.

爱丽丝想付给鲍勃 10 美元时，爱丽丝只需告诉其开户银行从她的账户中扣除 10 美元，然后告诉鲍勃的开户银行将那 10 美元存入鲍勃的账户就行了吗？银行之间是怎么结算的呢？这可能会很复杂。我们来看看以下情况：

1. 同一家银行；

2. 不同的银行；

3. 代理银行账户；

4. 中央银行账户；

5. 国际支付；

6. 电子钱包。

同一家银行

如果爱丽丝想向鲍勃支付 10 美元，他们俩在同一家银行开户，相对来说比较简单。爱丽丝指示她的开户银行付款，银行从爱丽丝的账户减去 10 美元并添加 10 美元到鲍勃的账户。一些银行将其称为“行内转账”，因为这只是从一个账户转到另一个账户，没有钱进出银行。

你可以想象一家银行正在管理一个巨大的电子表格，该电子表格的第一列是一个账户持有者列表，另一列是余额列表，该银行从爱丽丝的余额中减去 10 美元，并在鲍勃的余额中增加 10 美元。由于此会计分录完全在银行内部，因此我们可以说交易“在银行账簿中结算”或“由银行清算”。

之前

银行	
Alice	$ 100
Bob	$ 100

之后

银行	
Alice	$ 90
Bob	$ 110

内部转账

了解客户账户中的钱对于银行是一种负债这一点非常重要：当你登录网上银行，并在你的账户中看到 100 美元，这意味着银行欠你 100 美元，要么是直接付给你（通过柜员或自动提款机），要么是由你指示并授权他们付给其他人（咖啡店，超市或你的朋友）。

因此，从你的角度来看，你账户中的资金是你的资产，从银行的角度来看，这是一种债务。所以这次的交易在银行的资产负债表

（资产和负债的记录）看起来更像：

之前

银行			
资产		负债	
		Alice	$100
		Bob	$100

之后

银行			
资产		负债	
		Alice	$90
		Bob	$110

银行将客户账户记录为负债

尽管对于同一家银行，客户之间的转账不涉及资产负债表的资产端。

不同的银行

现在考虑爱丽丝想向鲍勃支付 10 美元，但他们的钱存在同一个国家或地区的不同银行。爱丽丝指示她开户的银行（银行 A），从她的账户取出10美元支付到银行B的鲍勃的账户中。银行术语中，爱丽丝是付款人，鲍勃是收款人。爱丽丝在银行A中的存款余额减少了，鲍勃在银行B中的存款余额增加了。

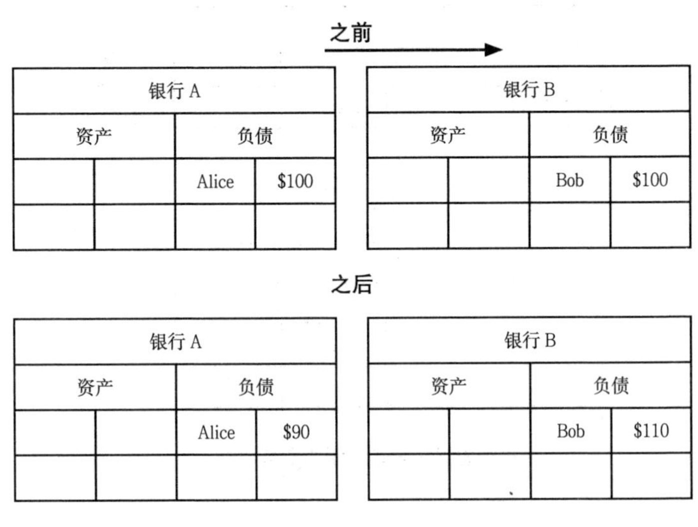

之前

银行A			
资产		负债	
		Alice	$100

银行B			
资产		负债	
		Bob	$100

之后

银行A			
资产		负债	
		Alice	$90

银行B			
资产		负债	
		Bob	$110

爱丽丝付钱给鲍勃

问题

尽管客户很满意，但是从银行的角度，你看到什么问题了吗？

银行A现在对爱丽丝的负债比以前少了10美元，似乎更好，但是银行B现在欠鲍勃的钱多了10美元，情况更糟糕了。假使真是这样的话，银行B会大怒的！

解决方案

这种付款方式必须通过银行之间的转账进行平衡：银行 A 需要向银行 B 支付 10 美元才能平衡。客户的账户完成端到端付款，那么银行同业付款如何发生？银行 A 可以将钞票放在车里然后送到银行 B。

1. 银行 A 少欠爱丽丝 10 美元，但要付 10 美元钞票到银行 B。

2. 银行 B 多欠鲍勃 10 美元，但收到 10 美元银行 A 付的钞票。

之前

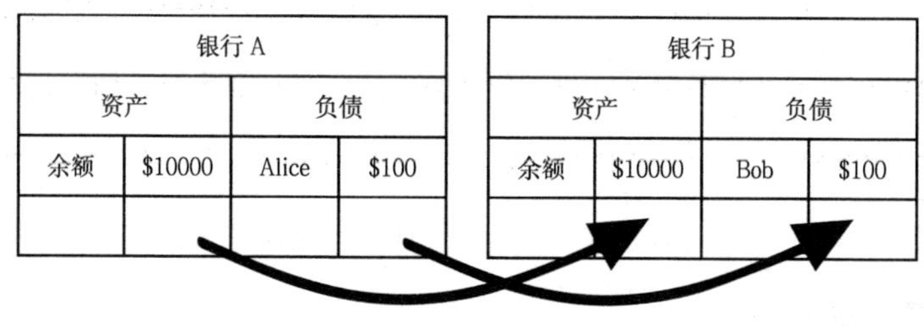

银行 A			
资产		负债	
余额	$10000	Alice	$100

银行 B			
资产		负债	
余额	$10000	Bob	$100

之后

银行 A			
资产		负债	
余额	$9990	Alice	$90

银行 B			
资产		负债	
余额	$10010	Bob	$110

“货车中的钞票”解决方案

但在大多数国家或地区，当银行转账时，它们不是将成捆的钞票放在货车上，而是以电子方式互相付款。

电子解决方案

银行可以通过两种主要方式进行电子转账：使用代理银行账户或使用中央银行支付系统。

代理银行账户

如果你开了新公司，那么第一件事就是开设一个银行账户，用于收款和付款。银行也不例外。如果你成立新的银行，你仍然需要银行账户才能参与电子支付。代理银行账户是行业术语，即银行在其他银行开设的银行账户，称为“nostros”（nostro是拉丁语，意为“我们的”，在“我们的账户”中）。代理银行能够用来描述与这些账户有关的活动。

在新银行的资产负债表中，你持有的存款显示为资产。你开设账户的银行，你的代理银行，将这些资金显示为负债。

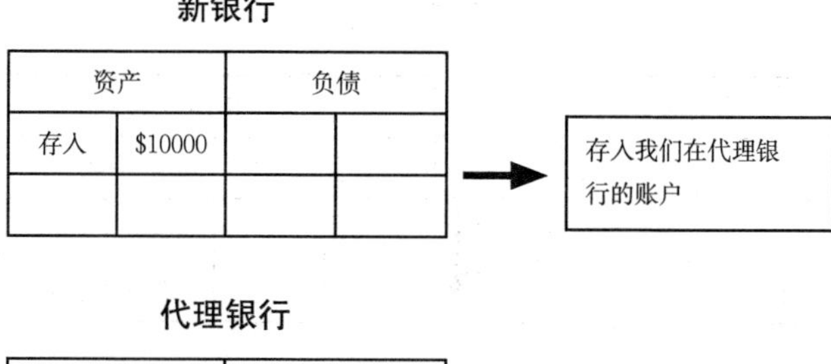

新银行

资产		负债	
存入	$10000		

代理银行

资产		负债	
存入		新银行	$10000

代理银行就是拥有以上账户的银行

如果你用Google搜索你的银行名称和“代理银行”，则可能会找到一个列有外币的账户列表。以澳大利亚联邦银行（CBA）为示例[①]。

CBA在纽约梅隆银行开了美元账户和在法国兴业银行开了一个欧元账户。SWIFT代码是这些特定银行的标识符。回到我们的例子。如果银行A在银行B中有一个账户，它可以指示银行B将其10美元从其账户转移到鲍勃的账户。

① https：//www.commbank.com.au/business/international/international-Payments/correspondent-banks.html.

之前

银行 A			
资产		负债	
		爱丽丝	$100
银行 B	$10000		

银行 B			
资产		负债	
		鲍勃	$100
		银行 A	$10000

之后

银行 A			
资产		负债	
		爱丽丝	$90
银行 B	$9990		

银行 B			
资产		负债	
		鲍勃	$110
		银行 A	$9990

银行 A 从其名义付款

这样，银行账户就清晰了：

1. 银行 A 少欠爱丽丝 10 美元，同时其在银行 B 的账户中多了 10 美元。

2. 银行 B 多欠鲍勃 10 美元，但少欠银行 A10 美元。

代理银行账户的问题

尽管代理银行账户允许付款流动，但也可能给银行本身带来麻烦。想象一下经营一家银行并且不得不在客户会转账的每家其他银行都开设账户。你可能需要在全球每家银行中开设账户，以备万一有客户向那家银行转账，这将是操作上的噩梦。并且这样成本很高，因为你需要在这些银行中的每一个账户都拥有正余额才能执行付款指示，众所周知，往来账户中的钱赚不到多少利息，将资金投入其他地方也存在风险。万一你的代理银行破产，你的钱就会失去。

银行 A			
资产		负债	
银行 B 账户	$10000		
银行 C 账户	$10000		
银行 D 账户	$10000		
银行……账户	$10000		
银行 Z 账户	$10000		

代理银行问题

中央银行提供了一种更有效的方法。

中央银行账户

中央银行的作用之一是使其管辖范围内的银行能够以电子方式相互付款，而无需在彼此银行开户，中央银行充当银行的银行。这样每个银行只需在中央银行内保留一个账户就能够向其辖区内的任何一家银行付款。而存放在中央银行的钱称为储备金。

中央银行

中央银行			
资产		负债	
		银行 A	$10000
		银行 B	$10000
		银行 C	$10000

一家银行

银行 A	
资产	
余额	$10000

银行 B	
资产	
余额	$10000

银行 C	
资产	
余额	$10000

每个银行在中央银行都有一个账户

银行可以在中央银行开设多个账户，每个账户都有不同的用途，就像你可以拥有多个储蓄罐一样——你要购买房屋、度假、买新车、办婚礼，等等。在这里，我们只探讨用于银行间付款的账户。

我们将管理这些记录的系统称为同业结算系统，一般分为两种类型：

· 递延净额结算（DNS）系统；

· 实时总结算（RTGS）系统。

DNS 系统

DNS 系统是这样运行的：将银行之间到期的付款排队，然后在给定时间（例如每天结束时）进行一次付款。所有的双向付款都被“结清”，期末（给定时间）将按总应付款进行一次付款。例如，在一天中，银行 A 会累积对银行 B 付款，而银行 B 会累积对银行 A 付款。在每天结束时，这些付款将彼此叠加，并且只需一次付款，代表当日银行 A 欠银行 B 或银行 B 欠银行 A 的总额。

DNS 系统具有资本效益。考虑到预期的流入量，银行只需要预留给定期间的流出净额即可。这个和你会为下个月的支出留出资金一样，需要“扣除”你在该期间的预期收入（例如你的工资）。但是在每个时期都有一定的信用风险累积，即流入不及预期。在最坏的情况下，这会导致银行在中期破产。这种风险可能会产生系统性影响，因为一项未履行的义务可能会影响收款人对外付款，因此需要一种机制来确保发生这种情况时，对其他参与者的影响最小。

RTGS 系统

使用 RTGS 系统后，客户一旦发出付款指令，便会即时地对中

央银行的账簿进行 -$10/+$10 调整。每次付款都是独立结算的，不会与其他任何指示进行分组、批处理或抵销。这被称为“总结算”，与“净结算”相反。

DNS 系统曾经很流行，但如今大多数中央银行都使用某种 RTGS 系统进行实时结算，越来越多的客户也希望实时付款。这些 RTGS 系统不只在办公时间内运行，许多系统现在进行“24×7”全天候运行，特别是针对小额交易。不过这对银行来说，也意味着要留出更多的资本以确保可以立即付款。

回到示例，假设爱丽丝和鲍勃储款的银行在 RTGS 系统上。由于银行 A 和银行 B 都在中央银行的 RTGS 系统，中央银行执行 -$10/+$10，从银行 A 的账户中扣除资金，然后将其增加到银行 B 的账户中。这就是两家银行之间的结算，用行业术语来说是央行“清算”交易。每家银行为此在中央银行中开立的账户也被称为清算账户。

之前

中央银行			
资产		负债	
		银行 A	$10000
		银行 B	$10000

银行 A			
资产		负债	
储备金	$10000	爱丽丝	$100

银行 B			
资产		负债	
储备金	$10000	鲍勃	$100

之后

中央银行			
资产		负债	
		银行 A	$9990
		银行 B	$10010

银行 A			
资产		负债	
储备金	$9990	爱丽丝	$90

银行 B			
资产		负债	
储备金	$10010	鲍勃	$110

通过 RTGS 进行银行同业付款

在处理同一种货币交易时：

1. 如果两个客户都使用同一家银行，则银行本身清算交易；

2. 如果两家银行有“代理银行”，由收款银行清算交易；

3. 如果存在中央银行系统（RTGS 或 DNS），则中央银行清算交易。

清算

“清算”一词在不同情况下的含义不同。在刚刚的案例中，清算指的是最终的 -\$10/+\$10 的交易。不要与证券交易中的清算相混淆。在证券交易（例如股票）中，两个参与方在证券交易所达成交易：例如，一方将股票出售给另一方获取电子现金。但是他们没有彼此直接交换现金和股票，而是通过交易所清算。所以一旦交易达成，甲乙实际上都与中央对手方 C 清算完成。C，也就是中央对手方（CCP），充当双方合法的交易对手。例如，A 从 B 购买股票，A 将资金发送给 C①，B 将股份发送给 C②。一旦 C 收到 A 的资金和 B 的股票，就会重新分配资金和股份，即将股份分配给 A，将资金分配给 B。这种操作消除了 A 和 B 之间的信用风险：A 和 B 之间彼此没有信用；但是，他们俩都对 C 承担着信任风险。

清算银行

继续回到付款，在某些国家或地区，只有某些银行才在中央银

① 或更准确地说，是 C 的现金托管人。

② 或更准确地说，是 C 的资产托管人。

行有账户。这些银行叫作“清算银行”，因为它们可以清算付款。较小的银行或在当地设有办事处的外国银行需要在清算银行开设一个结算账户，清算银行可以向它们收取费用。

因此，你可以看到一个银行间关系的金字塔，中央银行在顶部，清算银行位于下方，最后是较小的银行或非清算银行，它们在中央银行没有账户。它们使用清算银行结算的时候与清算银行在中央银行结算的方式相同。

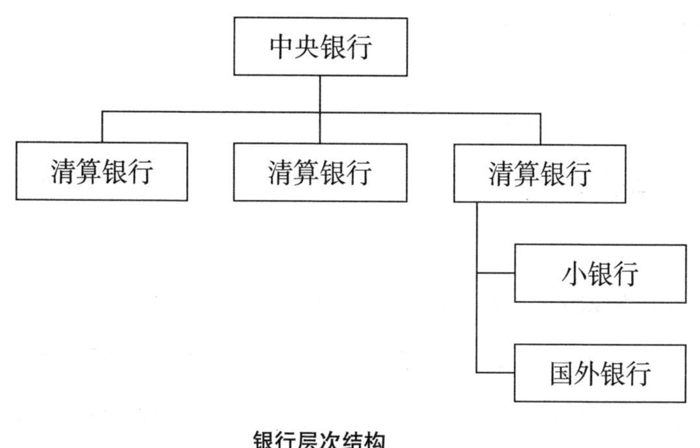

银行层次结构

不同地区的运作方式不同。例如，英国的 RTGS 系统是高度分层的，只有少数银行[①]在英国的中央银行即英格兰银行账户中有账

① 截至 2018 年 5 月 19 日，共有 29 名参与者（https：//www.bankofengland.co.uk/付款和结算/章），尽管情况正在发生变化，并且英格兰将允许更多的参与者使用其支付系统。

户；而在中国香港，在司法管辖区经营的持牌银行都必须在其中央银行有一个账户[①]。

尽管由中央银行管理一套中央账簿会比每个银行在其他银行的都保持大量的账户的效率更高，但是该系统仅在一个管辖区域内以一种货币运行。因此，虽然大多数经济发达地区都拥有一个中央清算的 RTGS 系统或 DNS 系统，以清算本国货币的银行间付款。但世界上没有真正的“中央银行”[②]，尽管“世界银行”的名声很大，但它也不是。

国际支付

什么是国际支付？事实上，国际支付有两种主要类型。

第一种类型，单一货币跨境支付。收款人收到的货币与付款人付款的货币是同一种类型。例如，付款人将美元汇到境外，收款人收到的也是美元。这种情况下，要么美元正在离开其本国货币区（美国），要么正返回其本国货币区，或者在本国货币区以外的两

① 截至 2018 年 4 月 30 日，共有 154 名参与者：http：//www.hkicl.com.hk/，clientbrowse.do？ docID=7195&lang=zh-CN。

② 实际上，有一个实体叫作国际清算银行（BIS），这是一种中央银行的中央银行，但它为国家或地区提供向主权国家付款的便利，例如战争赔偿金（以支付由失败者向获胜者赔偿战争期间造成的损失），而不是私营部门产生的商业付款。

个国家之间流动（例如英国和新加坡之间）。

第二种类型，是通过外汇进行价值的跨境转移。发送方和接收方处理的货币是不同的币种。例如，付款人从他在英国的 GBP 账户删除了 GBP，收款人在新加坡的 SGD 账户中添加了 SGD。

通过以上分析，我们看到，一般而言，货币不会离开本国货币区。但是如我们所见，世界上没有中央银行可以清算国际商业支付，所以我们不得不回到效率较低的代理银行系统，银行之间需要彼此开户。

单一货币跨境支付

你是否想过，你开户的银行如何在没有该种货币的银行执照的情况下为你开这种货币的活期账户？它是如何做到的？它如何收款和付款？

你可能已经猜到了，答案是该银行在拥有这种货币的银行执照的代理银行中有一个账户。例如，一家新加坡银行在英国可能没有银行执照。如果它想为客户提供英镑的服务，它需要在英国一家主要银行（最好是清算银行）开设一个英镑结算的账户（nostro），然后将其用作其客户的英镑的综合账户。

新加坡银行			
资产		负债	
英国账户	£600	爱丽丝	£200
		鲍勃	£400

英国银行			
资产		负债	
		新加坡银行	£600

注意：这些是位于 GBP（£）账户的新加坡银行外币账户。

因此，新加坡的银行客户爱丽丝（新爱丽丝）可以登录她的新加坡银行网站，看到她的英镑账户中有 200 英镑，但实际上 200 英镑是在英国银行名下的新加坡银行账户中，这个账户还包括了新加坡银行其他客户持有的其他英镑。爱丽丝认为她在新加坡银行有 200 英镑，但实际上这笔钱是放在英国的银行里。

从英国转英镑到新加坡

让我们看看当爱丽丝的英国朋友鲍勃（新鲍勃）想寄 10 英镑到爱丽丝在新加坡银行的英镑账户中会发生什么。假设鲍勃在英国的银行与爱丽丝新加坡银行在英国的代理银行不同。

当新加坡的爱丽丝从鲍勃那里收到英镑时，这笔钱实际上是在英格兰银行的 RTGS 系统中转移，并到达新加坡银行在英国的代理银行。英镑并未进出新加坡……这只是英镑在改变其在英国内部的所有权而已。

之前

英格兰银行			
资产		负债	
		英国银行	£10000
		鲍勃开户的英国银行	£10000

爱丽丝开户的新加坡银行			
资产		负债	
银行账户	£600	爱丽丝	£200

英国银行			
资产		负债	
储备金	£10000	新加坡银行	£600

鲍勃开户的英国银行			
资产		负债	
储备金	£10000	鲍勃	£500

之后

英格兰银行			
资产		负债	
		英国银行	£10000
		鲍勃开户的英国银行	£9990

爱丽丝开户的新加坡银行			
资产		负债	
银行账户	£610	爱丽丝	£210

英国银行			
资产		负债	
储备金	£10010	新加坡银行	£610

鲍勃开户的英国银行			
资产		负债	
储备金	£9990	鲍勃	£490

鲍勃从他在英国银行的英镑账户中向爱丽丝寄出 10 英镑到她开户的新加坡银行账户。

如果银行（通常是较大的银行）在其他地区设有子公司且拥有该地区的银行执照，会优先用它们的子公司来办理业务。例如，美国花旗银行在英国设有一家子银行，名为“花旗银行伦敦分行”①，是其在英国的清算银行。因此，花旗银行将使用花旗银行伦敦分行来做英镑业务。因此，如果爱丽丝和鲍勃在花旗银行开了英镑账户，这笔资金其实在花旗银行伦敦分行账户内变动。

花旗银行总行			
资产		负债	
英国子账户	£610	爱丽丝	£200
		鲍勃	£400

花旗银行伦敦分行			
资产		负债	
		美国母账户	£200
		鲍勃	£400

跨国银行经常使用其子公司作为代理银行

如果其中一家银行位于货币所在国，就会发生这种情况。

① 注意：分支机构和子公司之间存在差异。分支是在一个国家（未在当地注册成立）经营的外国公司，而子公司是一家外国公司所有的本地注册公司。确实令人困惑的是，“花旗银行北美伦敦分行”是花旗银行北美的子公司，不是分支机构，即使其名称中有“伦敦分支机构”。这大概是由于历史原因。

从英国汇款到新加坡

我们已经看到如果只有其中一家银行在货币所在的国家内运营，会发生什么情况。如果两家银行都在那个国家之外呢？例如，如果英国的鲍勃想付给新加坡的爱丽丝 10 美元该怎么办？鲍勃和爱丽丝在各自国家的各自开户银行中都拥有美元的“外币”账户。因为这两家银行都未拥有美国银行执照，因此必须在美国的代理银行中有相应的代理银行账户。

在最简单的情况下，两家银行使用相同的代理银行，然后进行结算。如果两家银行的代理银行不同，则由美联储清算。如我们前文所讲，美联储记录账户之间的 –$10/+$10 变动。

注意，美元只是在美国国内而不是在英国或新加坡移动，货币留在美国国内[①]！

这是一个非常理想的场景。然而有时较小的银行无法在国外开展银行业务：大的清算银行认为小型银行不值得它们承受风险。此时付款需要更长的时间，存在更大的操作风险，透明度较低，并且费用很高。实际上，这是所谓“金融排斥”的一种形式。不稳定地区的一些小型银行和金融机构会被排除在主要金融体系之外，这不利于它们的成长，不利于它们客户的业务及当地范围内的其他经济活动。

---

① 当然，实物现金可以跨境流动。

这种金融排斥的形式正在增加。例如，世界银行在 2015 年进行了一项调查[①]，其中包括 110 家银行监管当局，20 家大型银行和 170 家较小的本地和区域性银行。调查发现，大约一半的受访者的代理银行业务关系减少，这直接降低了它们进行外汇交易的能力。还对跨国运营商（MTO，非银行）进行了调查，发现在接受调查的 MTO 中，有 28%的 MTO 委托人和 45%的代理商无法再使用银行服务。其中，有 25%无法继续运营，75%不得不寻找其他渠道进行外币交易。

大型银行一直在积极地关闭国外银行在本行的代理银行账户，尤其是那些风险较高地区的银行。如果大型银行代理银行账户被发现有非法或不道德的行为，大型银行会被罚款，声誉也会受到很大影响。这也影响了加密货币行业。在 2015 年，有传言说美国大型银行发出威胁，如果小银行继续为比特币交易所提供银行业务，就切断小银行的业务。众所周知，这种“降低风险”的委婉说法只是在为更大的经济体制造护城河，使较小的经济体无法繁荣发展。我最喜欢的金融专栏作家 Matt Levine 在彭博新闻社的专栏“金钱的事情”上发布的关于大银行威胁要切断小银行业务的评论[②]：

---

① http：//pubdocs.worldbank.org/en/953551457638381169/remittances-GR.WG-Corazza-De-risking-Presentation-Jan2016.pdf.

② https：//www.bloomberg.com/view/articles/2017-04-27/fund-conflictsand-tax-napkins.

大家担心，摩根大通可能会向另一家银行转移资金，这家银行可能会向比特币交易所转移资金，而该比特币交易所可能将钱转移给毒贩。在法律上，这意味着摩根大通本身也可能从事毒品交易。

我有时会把银行和航空公司类比：如果毒贩使用银行来转移资金，银行有责任，但如果他带着一袋钱坐上飞机，没有人认为航空公司要为此负责。更进一步地说，就像出租车司机从纽约乘坐联合航空航班飞往迈阿密，然后在迈阿密他接了一个拥有小船的人，将他送到码头，然后那个人开船将一袋现金运送给毒贩，而你要让美航联负责。如果你因与交易人打交道而对银行进行处罚，则将切断大量合法金融交易。

欧洲货币

现实总是比理论复杂，尤其是银行业。货币实际上也在本国以外的地方创建和存在，例子是“欧洲货币”，例如欧洲美元、欧洲欧元、欧洲英镑。欧洲只是一个前缀，不应与以下内容混淆：

· 欧元（€）本身；

· 外汇（FC）交易中使用的术语。

例如“欧元 / 美元”指交易所欧元和美元之间的汇率。在这种情况下，前缀“欧元”表示货币存在于本地区域之外。它最初是第一笔在欧洲产生的美元贷款时被创建的。所以，欧洲美元、欧洲英镑和欧洲欧元分别表示美国境外的美元、英国境外的英镑、欧元区以外的欧元。欧洲货币如何产生的呢？当银行以本国货币以外的货币创建贷款时（例如英国银行发行美元贷款），它会创建本国货币区以外的货币（即美国以外的美元存款）。

这种业务是可以的，而且实际上相当普遍，但是它也使金融市场变得复杂，尤其是当国家试图计算自己在世界上的货币有多少时。因此，并非所有货币都由其中央银行直接控制。这时候，又一个普遍的说法被打破了。人们普遍认为，银行从一个客户那里获得钱并将其借给另一个客户。这种说法很草率，并会产生错误的结论。

银行写贷款时，其实是在以存款的形式创造货币。这笔存款是新资金，有时也称为“钢笔钱”，因为银行家过去常常用钢笔批准贷款。如果你从银行获得无抵押贷款，则银行会将该笔存款添加到你的账户中（增加其总负债），并增加一笔贷款到其资产负债表（增加其总资产）。就这样，新的资金被创造了，并不是从另一储户那里“借”来的。英格兰银行在题为“现代经济中的货币创造”[①]的研究文章中对此进行了解释。

外汇

现在，我们已经处理了单一货币付款即以单一货币结算的价值转移，那么外汇呢？如果爱丽丝想从她的英镑账户中转出英镑并以美元形式存入鲍勃的美元账户中该怎么办？不会因为银行的存在，

① https：//www.bankofengland.co.uk/quarterly-bulletin/2014/q1/moneycreation-in-the-modern-economy.

一种货币就能变成另一种货币。英镑不能成为美元，就像一品脱牛奶不能变成一升啤酒，白银不能变成黄金。1 英镑不是 1.2 美元，1 英镑甚至不等于 1.2 美元。英镑是与美元完全不同的资产，资产和货币也不能神奇地变成另一种类型。始终需要一个第三方接受这种货币然后给你另一种货币。

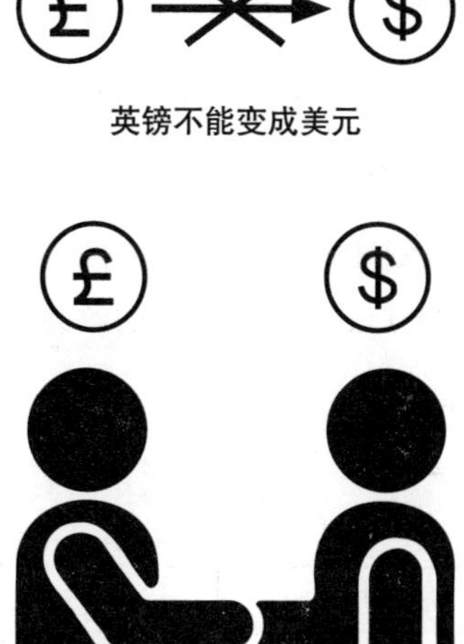

英镑不能变成美元

你必须找到某个中介交换

在涉及两种货币的付款中，需要有第三方愿意接受你的货币以换取其他货币。当爱丽丝支付英镑并要求最终实现以美元的方式支付时，爱丽丝开户的银行可以充当第三方的角色，该银行将从爱丽丝的账户中扣除英镑，然后将美元存到鲍勃开户的银行中。或者由鲍勃开户的银行履行，后者将从鲍勃的英镑账户中接收英镑（由爱丽丝开户的银行支付），然后将以美元形式存入鲍勃的账户。或者爱丽丝可以使用特定的第三方，如 TransferWise 之类的 MTO。

TransferWise 以及其他类似的 MTO，在许多国家或地区的银行中拥有本地货币账户，它们将从爱丽丝那里获得英镑并存入它们在伦敦的 GBP 账户，然后指示它们在纽约的银行从它们的美元账户中汇出一些美元到鲍勃的账户。这样一来，TransferWise 会持有更多英镑，减少美元存款。不过这样也会因外汇波动产生风险，为了回到最初的风险水平，TransferWise 会希望有人用相反的方式汇款（美元到英镑），以平衡其账户，也可能会尝试将这些额外的 GBP 出售给另一家美元代理商换取美元。

选项 1：爱丽丝开户的银行扣除爱丽丝英镑账户的英镑并将美元存入鲍勃的美元账户。

之前

英国银行			
资产		负债	
		爱丽丝	£200
美元账户	$10000		

美国银行			
资产		负债	
		鲍勃	$500
		英镑账户	£10000

之后

英国银行			
资产		负债	
		爱丽丝	£100
美元账户	$9880		

美国银行			
资产		负债	
		鲍勃	$620
		英镑账户	£9880

选项 2：鲍勃开户的银行（收款银行）通过接收英镑并用美元记入鲍勃的账户来进行外汇交易。

之前

英国银行			
资产		负债	
		爱丽丝	£200
		美国银行	£10000

美国银行			
资产		负债	
		鲍勃	$500
英镑账户	£10000		

之后

英国银行			
资产		负债	
		爱丽丝	£100
		美国银行	£10000

美国银行			
资产		负债	
		鲍勃	$620
英镑账户	£10100		

选项 3：第三方，例如，TransferWise 通过接收爱丽丝的英镑来做外汇交易，然后把美元转给鲍勃。

英国银行			
资产		负债	
		爱丽丝	£200
		TansferWise	£10000

美国银行			
资产		负债	
		爱丽丝	$500
		TansferWise	$10000

转账平台			
资产		负债	
英镑账户	£10000		
美元账户	$10000		

跨境外汇交易

电子钱包

近年来，电子钱包越来越流行，并且行业快速发展。电子钱包通常是允许用户开户的智能手机 APP。客户通过信用卡或借记卡指示银行付款或通过实物现金付款给代理商为他们的钱包充值。

资金从客户转到钱包后，客户可以看到自己钱包中的余额，并且可以使用资金。钱包一般可以提供多种服务。它可以用于暂时储值，汇款给其他客户，支付账单，购买机票，购物，付给出租车司机车费，在杂货店结账，甚至支付汽车超速罚单。许多商户都提供与客户电子钱包关联的“虚拟”信用卡或借记卡。这使得原本没有信用卡或借记卡的客户可以在接受这些虚拟卡的任何地方付款，有的甚至可以通过 ATM 机取款。

PayPal、Venmo（PayPal 旗下的）和星巴克在美国是很受欢迎的电子钱包。在印度，Paytm 和 Oxigen Wallet 是领先的电子钱包提供商。GoPay 是印度尼西亚共享出行 APPGoJek 旗下的，在印度尼西亚和东南亚其他地区都颇受欢迎。东南亚领先的乘车共享 APP Grab 也有一个电子钱包。在中国，支付宝和微信支付广泛用于储值和付款。这些电子钱包的客户增长速度惊人：仅支付宝就有超过 5 亿注册用户和 1 亿每日活跃用户。

早期的电子钱包是由电信公司提供的，主要用来预付话费。这是客户将钱从法定货币转移到以“分钟”计价的电子钱包中的一小步，特别是该电子钱包一般存在于用户购买的电信设备上。但是，电信公司没有保持住早期领先地位。整体而言，第一代电子钱包不是很成功。

当今的电子钱包大部分是由私企自己开发的，比如 Paytm、Grab、微信等。这些业务在不同地区的经营许可证不同，使用的监管许可证名称也因电子钱包业务而异。比如电子货币、转账通、储值卡、汇款、钱包、汇款等。这些许可证通常比银行许可证更容易获得，但是允许的活动也更加有限。不过大多数地区通常禁止被许可人发放贷款或创造金钱，这是贷方和银行的特权。客户在他们的应用的账户中看到的每 1 美元必须以公司银行账户的等值美元作为后盾。

从付款的角度看，电子钱包很容易理解。每个运营商都有一个仅包含客户资金的银行账户。这个账户不得用于公司运营，例如获得收入或支付薪水。当客户向他们的电子钱包充值时，钱就转入这个银行账户。当客户在同一个运营商的电子钱包间相互转移资金时，银行账户中的钱没有变化，但是钱包操作员对一个客户记录了借项，对另一个客户记录了贷项，即账簿中的 -$10/+$10。如果用户从他们的账户中提款，电子钱包操作员会把相应的钱从运营商的银行账户转到客户的银行账户。客户不仅限于个人、商人或出租车司机，公用事业单位和公共部门实体通常也是电子钱包的客户，在一些国家，电子钱包正成为便捷且常见的付款方式。

电子钱包的兴起，部分是由于它们提供卓越的用户体验，这也引起了一些银行的关注，特别是在有些国家和地区，银行不仅因此失去了它们的客户和转账的重要数据，而且失去了客户付款行为带来的收入。电子钱包越来越多地成为客户和他们各自开户的银行的中间方。

在欧洲，最成功的“银行挑战者”之一 Revolut，使用电子钱包许可证，从技术上讲不是一个银行。尽管如此，它仍提供全套付款、储蓄、保险、养老金、贷款和投资等业务。Revolut 通过许可在前端为客户提供服务。这种方式对银行提出了挑战。

银行需要做一个艰难的决定：要么通过提供更好的用户体验来重新吸引他们的客户，要么专注于在后台成为极其高效的金融渠道。如果执行得当，这两种都是可行的。

第三章

密码学

密码学

为了能真正深入理解比特币与加密货币，你需要先理解一个数学概念——密码学。本书中有关加密货币的内容将假定你已了解这里所讨论的概念。

密码学主要介绍的是关于发送只能由既定接收者读取的秘密消息的方法——间谍们经常使用这些。这一章，我们将一起了解加密和解密（消息的编码和解码）、哈希算法（将数据转换成指纹摘要）和数字签名（证明你已经创建或批准一条消息）。

密码学已经不仅是由间谍、罪犯和恐怖分子使用了，它现在被广泛应用于保护互联网数据的安全。“https”中的“s”代表的正是安全。密码技术可以用来保证你正在访问的网站是正版网站，也意味着在你与网站之间的交流数据已被加密，窥视者无法轻易地读取你正在使用的设备和正在访问的网站之间的通信。

加密和解密

尽管密码学现已用于多种不同目的，而不仅局限于加密和解密，但是加密仍然是最著名的密码学应用。尽管区块链总体来说不加密，但是了解加密可为理解广泛应用在区块链中的密码学提供良好的背景。

加密技术是将明文（可供阅读）的消息转换成密文（可供机器阅读的“乱码”）的过程。因此，纵使加密的消息被截获，窥视者依然无法理解。解密则是把密文转回到可阅读的明文的过程。破解“密文”便是在没有给出“密钥”的情况下解密密文（见下文）。

假设爱丽丝想给鲍勃发一条只有鲍勃能阅读的信息（在接下来的举例中，爱丽丝和鲍勃会一直陪着我们），那么他们事先会商量好一种方法。比如使用一个非常简单的算法，即通过在字母表中把每一个字母转换（前移或后移相同个位置）来加密文本。

如果爱丽丝和鲍勃同意使用“+1”作为“偏移量”，意思是在字母表中的每个字母都向后面移动一个位置从而形成新的密文文本。也就是说，A 会变成 B，B 会变成 C，C 会变成 D，等等。这种算法也叫作恺撒密码。

比如，爱丽丝写的明文是：“我们见面吧，鲍勃。”（Let's meet，Bob.）

当她通过将每一个字母向后移动来加密明文，上句会变成“MFUTNFFU，CPC”这样一串密文。

接着，爱丽丝把密文传给鲍勃。

鲍勃会通过把每一个字母往回移一个位置来把密文解密回明文：“我们见面吧，鲍勃。”（Let's meet，Bob.）

因为在加密和解密阶段使用的都是相同的密钥（在我们的例子中为“+1 偏移量”），所以这种加密方式是属于“对称加密”的一种。

这种加密方法在现实生活中没有办法应用，主要是因为：首先，它能轻易地被发现与破解，例如使用字母频率分析等技术。其次，更为重要的是，爱丽丝和鲍勃事先必须沟通并就使用什么样的密钥达成共识。但是我们如何确定，当他们协商时没有人在窥探呢？或许爱丽丝和鲍勃会选择面对面商议，然后决定将“+1”作为密钥。但是，如果他们怀疑在某个阶段（比如说在他们这次谈话的过程中），窥视者已经了解到了他们的协商内容，那么他们应该如何在不被窥视者发现的情况下，协商出一个新的密钥？

在这个我们的设备不断地与各种网站建立连接的世界中，任何一次的“握手”，你的设备和网站之间总被共享的对称密钥就成为一个弱点，任何窥探着数据交换过程的窥视者都可以解密对话的信息。因此，我们将探讨一种更常用的加密形式——非对称加密。

加密技术与区块链有什么关系？事实上，并不是很相关。尽管许多记者和管理顾问在谈论加密的区块链，其实是他们混淆了加密数据与密码技术，前者并没有在第一代区块链中得到使用，后者则在区块链中广泛用于哈希算法和数字签名。这些，我们稍后都将了解到。

在一些较新的区块链平台中，有一些附加的“隐私”层，其中加密的数据被广泛地传播到目标受众或子集，但只支持有密钥的群体解密。比特币网络上的任何东西都不是默认加密的，一些纯文本数据能够在网络上被不断复制以便所有人都可以读取和验证。

然而，加密算法，如接下来我们讨论的公开密钥算法，在比特币网络中被广泛使用。

公开密钥密码学

前文描述的恺撒密码属于“对称加密”，因为使用了相同的密钥对消息进行加密和解密。在公开密钥密码学中，用于解密消息的密钥与用于加密消息的密钥是不同的（但在数学层面上有关系），所以也被称为非对称加密，由于这个特性，信息安全更能得到保障。

当我们使用非对称密码学时，若要接收加密的消息，则需要创建两个密钥：公钥与私钥，它们也一起被称为密钥对。你可以与所有人分享你的公钥，任何人都可以用它来给你发送加密信息。而你则可以使用只有自己知道的私钥来解密这些消息。所有使用该公钥给你发送加密消息的人都明白：唯有你可以解密它们。

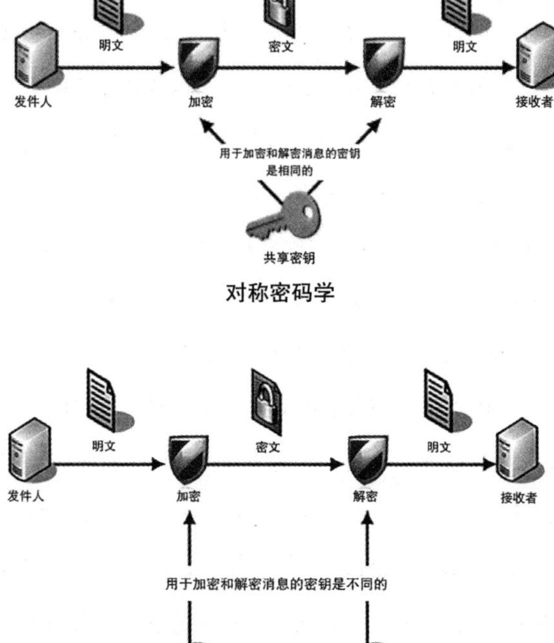

对称密码学

非对称密码学①

如前文所述，对称密码的最大难题之一是如何在所有形式的通信都被窃听时分享密钥。当你与朋友分享解密密钥时，很难避免“隔墙有耳”的存在。使用公钥密码算法时，你会把你的公钥告诉给每

① https：//sachi73blog.wordpress.com/2013/11/21/symmetric-encryption-vs-asymmetric-encryption/.

个人，而并不会关心窥视者的存在。接下来，你的朋友会加密消息并发送给你，而只有你可以用私钥解密它。这样即使窃听者得到了加密的消息，因为他们没有你的私钥，所以依然无法进行解密。这是一个更为完善的系统，因为不再需要交流共享密钥或公共密钥，从而大大改善了对称密码系统的不足。

密钥是什么？这个问题有许多种答案。优良保密协议（Pretty Good Privacy，PGP）是一套在20世纪90年代被开发出来，用于加密、解密和数字签名邮件（如电子邮件）的应用程序。这套程序如此强大，以至于美国政府把它归类为一种“军需品”，意味着单纯从美国出口这套系统都将面临严重麻烦。PGP的创建者Philip Zimmermann于是找到了另一条途径——将源代码出版成一本书。他利用第一修正案保护着这本书的出版[①]。这表明了美国政府与那些对保护隐私充满热情的个人之间的紧张关系。如果想深入了解这个故事，我推荐史蒂文·利维的书《加密》（*Crypto*），这本书记录了PGP的历史和密码学的革命。

我们再回到公钥和私钥。GPG套件[②]是一套开放源代码和一组符合Open PGP标准的免费工具。我曾使用它创建过一套公钥和私钥的密钥对。

而比特币则采用了另一套不同的算法——“ECDSA”，即椭圆曲线数字签名算法。这个算法的工作原理如下：

---

① https：//en.wikipedia.org/wiki/Pretty_Good_Privacy.

② https：//gpgtools.org.

随机选取介于0和2256-1之间的一个数字（2256-1是一个78位数，写出来是：115，792，089，237，316，195，423，570，985，008，687，907，853，269，984，665，640，564，039，457，584，007，913，129，639，935）。

这将是你的私钥。

使用ECDSA生成公钥。ECDSA算法是很普及的，并且有很多工具可以帮助完成计算。

这样一来，你现在便有了一个随机选择的私钥，并且通过一些数学计算生成了公钥。再从你的公钥生成你的比特币地址。尽管通过对私钥进行一些ECDSA数学计算，就能很容易将私钥转换为公钥，但从数学层面上讲，其他人不可能从公钥“倒推”出你的私钥。不过依然不能告诉任何人你的私钥。

如果想要看一些真实示例，可以访问www.ButAddiest.Org。

比特币地址派生自公钥。通过将私钥粘贴到这个网站的“钱包详细信息”部分，你可以看到所有的详细信息，包括各种格式的公钥和私钥。

比特币地址（账户）是从公钥衍生而来的。当你进行比特币交易时，你可以使用你的私钥来签署或授权将比特币从你的账户转移到其他人的账户。绝大多数区块链方案都以这种方式在运行。数字资产保存在使用公钥创建的账户中，相应的私钥则用于签署转出交易。

哈希

哈希函数是可以对某些输入数据执行的一系列数学步骤或算法，经过该算法可以产生指纹或摘要，也可称为哈希。哈希函数可以分为基础哈希函数（并不在区块链中使用）和加密哈希函数（用于区块链）。

在了解加密哈希函数之前，我们先需要理解基本哈希函数。

基本哈希函数

一个非常基础的基本哈希函数可以是“使用输入的第一个字符”。当通过这个函数时你会得到：

哈希（What time is it？）=>“W”

这个函数的输入是“What time is it？”

而输出则为“W”，也称为摘要或者哈希值。

哈希函数属于确定性函数，因为它的输出是由输入决定的。如果一个函数是确定性函数，那么它无论输入值是什么总会生成既定的输出值。所有数学类函数都属于确定性函数（加法、乘法、除法等）。

加密哈希函数

加密哈希函数具有一些特性，多用于加密货币的密码学。维基百科[①]指出，理想状态的加密哈希函数有五个主要属性（括号里是我给的“更通俗解释”）：

1. 它是确定性函数，因此相同的消息总会得出相同的散列；

2. 它能快速计算任何输入消息的哈希值；（你能十分简单地“前进”）

3. 除非尝试所有的可能性，否则，从哈希值倒推输入消息是不现实的；（不能“向后”）

4. 对输入消息的细微更改会导致哈希值的巨大改变，新生成的哈希值会看起来与旧的没有任何关系；（细微的改变会导致很大的差异）

5. 两个不同的输入消息是不可能生成相同的哈希值的。（很难出现哈希冲突）

这些是什么意思呢？“属性 2”（你能十分简单地“前进”）和“属性 3”（不能“向后”）组合在一起意味着，从输入消息生成哈希值很简单，但无法从哈希值重新生成输入消息。所以加密哈希函数有时也称为“陷阱函数”。与此同时，你也无法通过查看哈希值（“属性 4”）来猜测或推断输入消息可能是什么。倒推的唯一方法是尝

① https：//en.wikipedia.org/wiki/Cryptographic_hash_function.

试输入的每一种可能组合，并查看哈希值是否与你尝试倒推的值匹配。这种方法被称为暴力攻击。

那么，我们之前使用的哈希函数（使用第一个字符）会是一个优秀的加密哈希函数吗?

1. 符合“属性 1”，它是确定性函数。“What time is it ？”总是对“W”进行哈希。

2. 符合“属性 2”，它能快速计算输出，因为只需采用第一个字符。

3. 符合“属性 3”，如果只知道“W”，那么推测原始句子是不可能的。

4. 不符合“属性 4”，消息中的一个小变化不一定会改变输出。比如，除了第一个字母，只改变任意剩下的字母，生成的输出总会是一样的。

5. 不符合“属性 5”，我们能轻松地实现输入某些内容，而这些输入都将哈希到相同的输出。比如，任何以“W”开头的句子都会哈希到“W”。

因此，我们之前使用的哈希函数作为加密哈希函数是不合格的。

那么，什么是一个好的加密哈希函数呢?有一些既定的行业标准加密哈希函数能符合所有这些标准。包括 MD5[①]（消息摘要）和 SHA-256（安全哈希算法），同时它们得益于输出通常具有固定长度。这意味着，无论你输入的是句子、文件、硬盘驱动器还是整个数据中心，得到的永远是一个简短的摘要输出。

以下是你会得到的输出类型：

MD5 ("W hatt imei si t ? "= 67e07d-17d43ee2e70633123fdaba8181

SHA256 (" What time is it ? "=8edb61c4f743e-be9fdb967171bd3f9c02ee74612ca6e0f6cbc98e7d362c4d

你甚至可以在自己的计算机上尝试这个。如果你使用的是 MacBook，可以运行终端并输入：

md5-s“What time is it ？”

或者：

Echo“What time is it ？”|shasum-a25

你会得到与我一样的结果。这也是加密哈希函数的确定性。

如果稍微更改输入，则会得到大不相同的结果：

① MD5 被公认为有缺陷，尽管在抗碰撞能力上失败，但已被广泛使用一段时间。其他很多算法已经取代它，但它依然使用在低赌注的情况下。

SHA256（" What time is it?" =8edb61c4f743e-
be9fdb967171bd3f9c02ee74612ca6e0f6cbc98e7d362c4
d

SHA256（"What time is at?"）
*2d6f63aa35c65106d86cc64e18164963a950b-
f21879a87f741a2192979e87e33

哈希函数可用于证明两件事情是相同的，但并不会透露两件事情本身。例如，你想要进行预测，而且不想其他人知道你预测的是什么，但你希望以后能够展示你的预测。那么你可以私下把预测写下来，并进行哈希运算，然后把哈希值告诉其他人。这样一来大家可以确定你已进行了预测，但并不能倒推你的预测是什么。时间一到，你就可以展示你的预测了，其他人也可以使用你的预测重新计算哈希值，来确保数值与你发布的哈希值一致。

密码哈希——密码哈希函数可以在比特币多处地方用到：

· 在挖矿过程中。

· 确认交易的发生。

· 作为区块的标识符，以便能连成链。

· 确保当数据被篡改时，立即会被发现。

数字签名

数字签名广泛用于比特币和区块链中，用于创建有效的“签名”交易消息，从而把加密货币从你的账户转移到其他人的账户。

那么从密码学意义上讲，什么是数字签名？我们可以再做一些说明。数字签名是电子签名的子集，可以采取多种形式：

这些电子签名中只有一个是数字签名

Joe Bloggs

Joe Bloggs

---BEGIN PGP SIGNATURE---

iQIzBAABCAAd-
FiEE0IeYn4a0rYj3TpgW-
ck54d72pJBYFAlrPq0EAC-
gkQck54d72pJBakcw//akztOK
UDE7h/uAMcqMlj6r7V/UYsHZ7
AR5j2eplX/Nc8sw/Cif
---END PGP SIGNATURE---

在框中填写你的名字不是数字签名

看起来像你的手写签名的图案不是数字签名

数字签名是用数学链接你的私钥和相关内容

电子签名的一种形式是将你的姓名输入一个框：

Joe Bloggs

这是电子签名，但不是数字签名

而另一种形式的电子签名看起来像湿墨水签名，但其实是插入文档中的图片：

这也是电子签名，但不是数字签名

那么，数字签名到底是什么样子的呢？我创建了一小段消息，包含的消息是“这是一个我想签名的消息”，使用我之前生成的（私有）PGP 密钥对它进行签名。以下是签名的样子：

——PGP 数字签名——

iQIzBAAAdFiEEEEEEEEeyn4a0ryj3TpgWck54d72pJBYFalpq0EA

Cg kQck54d72p

JBakcwwwakztOKUDE7hhuAMcqMlj6r7V

UYsHZ7AR5j2eplXXNc8swwCifK6uPQQ

XWanoI85PaOJgq00i4s5NKCCB0GHDaE_

mrkjJYJjJJU66jHpBMcJGM8rOB

SJAIlvI3NLRq45zkV9IizrBGrrIZ15Kiqvqd7AtsUjwe1ARsZEoqwsX

ds6Ed ZA

9oNaz7XN5uNJQ9gvjxboGP6DXODpQWZm0qt6bXq8NaPibLB7M

qOdHDY0DFLoiY

Q5IDWRZE03T3IECHG8RSSNBWDPVI6BSBTCIE5ODFFR

1MICE3UZAFLKKKSK4UTI

cwLKbtwSApROOV4cVBUm12_Atqlpggq4OOzj0mlpo-

lnKOK16lXKzjhz334iE39u

Pw7plmnhAcI_kRt4OXD0LOakUhV3iV44jUo1Wepd2RcB-

zgGRcGn3tlkMF_fDpZx

8dGNip40glpRUDHWPRJYYM66elQq7gfDkEUo7j34EVIZIKDd2v

dqs ZaFMA

8TGttea0RdouUSsc0RBbFFt0ppI7xbh3uaeiqyJew-

FoapWGYPfXwPPg7_zUn_O2

32ZAEOnsgriblivYgogSr1ABMhWAPmVwBk0FrbbjdvkYwupZ3dEBG 8_6AmKiav

559racy4D6pAiFQ9iYWwoQ1A7BKICY51ErvXVYY2Ci-E04Q6MCjw_

这才是一个数字签名。看起来像是胡言乱语。那么，其有何特别之处？它能证明什么？

数字签名是通过接收要签名的消息并使用私钥及数学公式来创建的。任何知道你公钥的人都可以在数学上验证此签名是否确实是由关联的私钥的持有者创建的（但他们并不知道私钥具体是什么）。因此，任何人都可以独立验证此数据是否由此公钥的私钥持有者签名。

本质上：

Message+ Privatek ey -> Digitals ignature

Message+ Digitals ignature +P ublick ey -> Valid/Invalid

那么，为何说这比湿墨水签名更好呢？湿墨水签名的问题是，它本身与正在签名的数据毫无关系，这会导致两个问题：

1. 在底部签名后，无法知道上面的文档是否被篡改；

2. 你的签名可以很容易地被复制，然后在你不知情的情况下用于其他文档。

湿墨水签名是不会根据项目内容的更改而更改的：不管你是签署支票、信件还是文档，重点是你的签名要看起来相同。这是很容易被其他人复制的！安全性能十分低！

相反，数字签名仅对这部分数据有效，因此不能复制粘贴到另一段数据下方，其他人也无法将其用于谋取自己的利益。任何对消息的恶意篡改都将导致签名失效。数字签名是一次性的“证明”，证明私钥持有者确实批准了该消息。除你之外，除非其他人有你的私钥，否则世界上没有人可以创建你私钥的数字签名。

为了继续进行下一步，我们需要理解，用私钥“签名”消息的过程实际上就是一个加密过程。还记得你使用公钥加密数据并使用私钥解密数据吗？在某些系统中，你也可以使用私钥加密数据，然后使用公钥解密数据。因此，实际上验证过程是对数字签名使用众所周知的公钥进行解密，并且检查解密结果与正在签名的消息是否匹配。

但是，如果正在签名的消息数据量过大，例如，千兆字节的数据，这时该怎么办呢？你肯定不会想要很长的数字签名，因为那样效率过低。因此，在大多数签名方案中，实际操作是对消息的哈希（指纹）用私钥签名以生成很小的数字签名，如此一来，数字签名与正在签名的数据量大小无关。

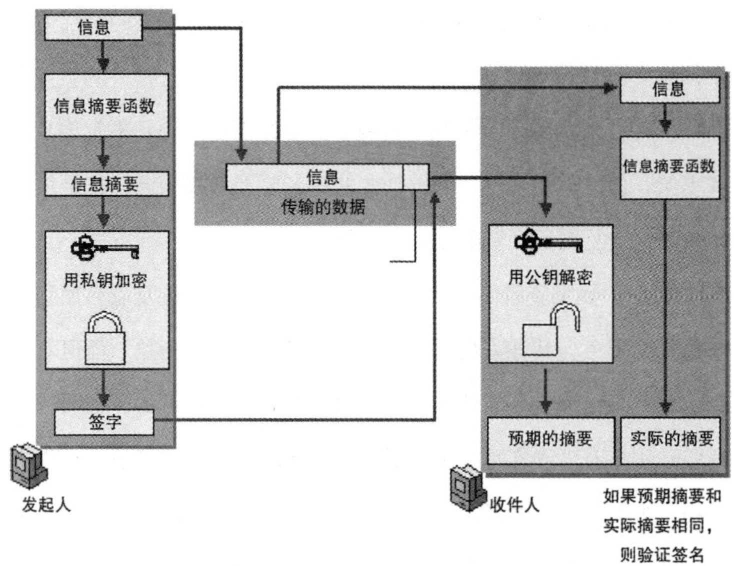

微软的 TechNet[①] 网站有一个很好的总结：

数字签名可用于对事务或消息进行身份验证，确保消息的完整性。此外，除非私钥被复制，否则以后不可能否认说“不是我”，此种属性称为“不可抵赖”，可以为交易双方都提供保障。

因为数字签名能证明账户所有权，并且它的有效性可以在数学和离线条件下得到验证，而无需第三方，所以数字签名在区块链交易中十分常见。把这个与传统银行进行比较：当你指示银行付款时，需要首先登录银行网站，或亲自向银行出纳员出示身份证。如果银

① https：//technet.microsoft.com/en-us/library/cc962021.aspx.

行认可你是账户持有人，则会执行你的指示。而在区块链系统中，没有组织会专门为你提供或维护账户，你的数字签名就是进行交易时的最重要凭证。

第四章

加密货币

这部分该从哪里开始呢？加密货币太多了，每一种加密货币都有自己独特的运行规则与运行机制，要进行准确的概括并不是特别容易，然而，既然统称为加密货币，那就一定存在一定的共同之处。例如，比特币的运行机制被称作“工作量证明”，以确保任何人（至少在理论上）可以在没有中央人员参与协调或者提供准许的情况下以一定的方式将区块添加到区块链上。“工作量证明”机制为矿工们参与创建区块创造了公平竞争的机会。但是有学者觉得这种竞争过于耗电[①]，也因此很多人认为比特币是对能源的一种浪费。当然，并非所有的加密货币（或者区块链）都以这种机制运行。因此，想要简单地概括加密货币，或者笼统地说“加密货币”以及“比特币”都非常消耗能源就非常不准确，而且毫无意义。不能仅仅因为比特币使用这种机制运行，就不代表其他的加密货币区块链都是如此。

认识到这一点后，我们已经拥有了了解比特币如何运行的良好基础。而我们将从这点开始了解比特币，后面我还会为大家讲述比特币与其他加密货币之间的区别，以及它们各自的区块链运行机制。

① https：//www.wired.com/story/Bitcoin-mining-guzzles-energyand-itscarbon-footprint-just-keeps-growing/.

比特币

人们习惯性地将比特币视作数字货币、虚拟货币，或者说加密货币，但如果将其看作数字资产，可能更容易理解些。当人们试图去理解什么是比特币时，货币一词经常会造成概念的模糊化。

如果从传统货币的角度去看待比特币，可能会越来越感到困惑，比如说，我们会问，是谁在背后支撑着比特币？（实际上没有人）或者说，比特币的利率是由谁来设定的？（其实也没有任何人）

比特币有时也被视作数字代币，从某些方面看这样的定义是对的。但是，“代币”这个词通常用来描述一些更加具体的事物（这一点我们后续还会提到），所以，我们最好还是要避开“代币”这个模棱两可的词。

什么是比特币

比特币就是一种数字资产。我们使用一种电子账本记录它的所有权，而这个电子账本几乎是同时被随机分布在世界各地的大约一万台独立运行的计算机进行更新[①]，这些计算机之间也相互连通。这个账本就是所谓的比特币区块链。这个账本记录着所有比特币所有权转移的交易，并按照一种固定的协议来运行。协议包括一系列定义整个过程如何运行的规则，也控制着整个账本的日常更新。协议通过参与者在电脑上运行一种软件来执行。运行这些软件的机器就是网络中的“节点”。每个节点独立地验证所有待处理的交易——无论它们发生在何处——并使用经过验证的区块（包含所有确认的交易）更新自己的账本。有一些专门的“节点”，即“矿工”，会将有效交易打包成区块，并将这些区块发布到整个网络上。

所有人都可以购买比特币，拥有比特币，也可以把比特币赠予他人。每笔比特币交易均以纯文本形式记录并在比特币的区块链上公开共享。与媒体上大部分文章阐述有所不同的是，比特币区块链并不是加密的。每个人都可以通过比特币区块浏览器，清楚地看到所有交易的详情。理论上来说，每个人都可以自己参与“发现”比特币。这也是创建区块的一部分，即所谓的“挖矿”，这一部分，我们后面还会再讲。

① 这是在撰写本文时根据 https：//bitnodes.earn.com 显示的节点的数量。请注意，这个数字并不是某些人所说的“数百万台计算机”，例如 Don Tapscott 在他的 TED 演讲之一中说：“当交易进行时，它会在全球范围内发布，涉及数百万台计算机。”这是 100 倍的夸张！

比特币的意义是什么

《比特币白皮书》中，清楚地描述了比特币被创造出来的原因。该白皮书由一位化名中本聪（Satoshi Nakamoto）的人撰写，于2008年10月发布。这份简短的文件清晰地描述了比特币存在的意义，以及它是如运行的。这本小册子很值得我们从头到尾读一遍，它只有薄薄的9页，在网上可以免费下载阅读[①]。该白皮书的摘要：

纯粹的点对点电子现金将允许在线付款在没有任何金融机构参与下，直接从一方发送至另一方。电子签名是解决办法的一部分，但是如果我们仍需要一个可信的第三方机构来防止双重支付，那就失去了电子货币的主要优点。因此我们提出使用一个点对点的网络，来解决双重支付的问题。该网络可以将交易打上时间戳，然后哈希成一条持续增长的经过哈希的基于工作量证明的链，除非更改工作量证明，否则交易记录无法更改。最长的区块链不仅可以作为证明一系列交易发生的顺序，而且也是它本身是由最大CPU算力池产生的证据。

只要多数的CPU算力没有被打算联合攻击网络的节点控制，这些节点就将生成最长的链从而击败攻击者（这种网络本身只需极

① https：//bitcoin.org/bitcoin.pdf is one place the whitepaper can be found.

简的架构)。信息将被广泛传播,节点可以随时离开和重新加入网络,只需接受最长的工作量证明链作为它们离开时的证据。

该白皮书第一句话阐明了一切。它阐明了比特币的意义,以及比特币的价值和效用如何获得。这也是历史上首次可以在不通过物理方式,或者特定的第三方媒介参与的情况下,将 A 的价值直接发送给 B。在支付手段的演化上,很难说这不是里程碑事件。每当我想到这正是比特币带来的,我都无比兴奋[①]。加密货币产业评论员 Tim Swanson[②] 曾经很通俗地解释这一现象,即比特币的设计决定了它可以不受任何监管机构的审查。

① 在当今世界上,国家在监督和审查个人活动(包括私人金融交易)中过度发挥其作用的情况下,抗审查制度极为重要。尽管有些人认为政府应该能够对我们的私人生活的各个方面具有洞察力和控制权,但他们幸运地生活在政府是良性的现在。在全球范围内,对财务隐私的抗审查制度极为重要。金融机构是政府用来制定政策的工具。其中一个例子是通过金融消息传递网络 SWIFT 进行金融武器化:尽管 SWIFT 声称自己是比利时的一个非政治合作社,是中立的,但它经常受到各个政府的压力,要求其切断与全球金融网络的联系。这是集中式系统的一个特征——总会有人从中干预,如果别人不服从就将其排除在外。尽管我们大多数人都同意恐怖主义(无论你如何定义)是一件坏事,切断恐怖分子的资金是一件好事,但政权有可能使用相同的方法冻结同性恋者、移民等人的银行账户或其他不受欢迎的团体或个人——显然不是为了一般公共利益而使用权力。

② Tim 的博客 www.ofnumbers.com 是有关加密货币行业的最佳博客之一。

比特币是如何运行的

在最初的《比特币白皮书》中，没有提到任何关于区块链的内容，即便大众及媒体持续不断地提醒我们，比特币就是建立在区块链的基础上的，或者说区块链就是比特币的底层技术。一连串的区块并非比特币存在的目的，这种设计的目的是解决商业问题。

比特币区块链由 PC 上运行的软件管理，这些软件之间相互沟通交流形成一种网络。尽管存在着多种相互兼容的软件一起运行的情况，最常用的软件还是“Bitcoin-Core”，这个软件的源代码在 GitHub① 上可以找到。这个软件包含了使该网络正常运行的所有功能。它能够完成以下任务（在这一节我们会给出解释）：

· 连接比特币网络中的其他参与者。

· 从其他参与者那里下载区块链。

· 储存区块链。

· 接收到新的交易信息。

· 验证交易信息。

· 存储交易信息。

· 将有效交易加入到节点上。

---

① https：//github.com/Bitcoin/Bitcoin.

· 接收到新的区块产生。

· 验证区块。

· 将这些区块存储为自身区块链的一部分。

· 将有效区块加入到区块链上。

· 创建新的区块。

· “开采”新的区块。

· 管理地址。

· 创建及发送交易记录。

然而，在实际操作中，该软件实际用到的功能只有它的记账功能，在这一节我们会深入讨论这一点。

要理解比特币如何运作，以及它为何这样运作，我们需要牢记一点：比特币是为了创建一个无需任何审查的支付系统，以及让任何人在不通过任何第三方金融机构的情况下，能够直接向某一方付款而产生的。

这个系统不会存在任何中央管理员管理账本，因为中央管理员很可能就是金融机构，而这是比特币在设计之初就尽力避开的。任何人都能操作这个系统，且无需进行身份识别，或者从管理员那里获得许可。在各方需要进行身份识别的那一刻，隐私就没有了，从而容易受到干扰、威胁，或面临牢狱之灾甚至更坏的事情，这对网络管理者和用户同样适用。（因此在设计任何一部分解决方案的时

候，我们都需要考虑到这些限制条件）

在设计解决方案的时候，中本聪是如何做的呢？让我们从传统的中心化的模型入手，然后试着让它去中心化。这样，我们就可以一步步了解比特币的设计构造。

传统中心化模型

让我们从一个记录收支平衡的账本开始，这一账本由管理员管理。你可以将它想象成一个只有两栏的清单：账户名称、余额[①]。

记账者	
账户名称	余额
000001	$100
000002	$50
000003	$240

传统中心化模型

管理员将账户分配给客户，客户通知管理员来进行支付。这里会产生一个审查过程，用户需要向管理员证明自己是账户的所有者，管理员才可以执行支付指令。这样，每位顾客需要实名，而且出于安全考虑，每个账户都会设置一个密码。

① 我们开始会将美元作为计量单位，然后再看为什么我们需要转到 BTC。

账户	用户名	代号 / 密码
1	Alice	1234
2	Bob	8888
3	Charlie	9876

账户匹配

管理员管理着所有的账户，并且执行支付指令。他们有责任确保没有人花费别人的钱，或者同一笔钱未被多次支付，即双重支付。但是，如果我们想要免于账户被控制或审查，且让任何人都可以参与交易，我们就必须撤销中央管理员。

因此，首先让我们在账户创建过程中就消除管理员，以便任何人都可以在无需管理员许可的情况下开设账户。

问题：账户需要设置权限

通常必须有人设置一个账户并将它分配给你。管理员的工作是为你分配一个未使用的账号，然后为你设置用户名（可能是你自己的名字）和密码，以便当你要求管理员代表你付款时，管理员知道确实是你提出的要求。

在设置你的账户时，管理员已授予你打开账户的权限，当然同样的，管理员也可以选择收回该权限。任何时候只要有了可以批准或拒绝某件事的主体，就有了第三方控制。我们正在努力消除第三方控制。

有没有一种方法可以在无需任何人的许可的情况下开设账户？的确有，密码学为我们提供了一种解决方案。

解决方案：使用公钥作为账号

与其使用姓名、账号、密码，为什么不使用公钥作为账号，用数字签名代替密码呢？

如果使用公钥作为账号，任何人都可以使用自己的计算机创建自己的账户，而无需向管理员征求一个账号。请记住，公钥是从私钥派生的，而私钥是随机选择的数字。因此，你可以通过选择一个随机数（你的私钥）并对其进行一些数学运算以获得一个公钥来创建一个账户。在比特币和大多数其他加密货币中，账号在数学上是从公共密钥派生的（并不是公钥本身），也被称为地址。

管理员	
地址（衍生自公钥）	余额
143UVqphF7ck6ddTEsMgWeddZCd47T8L1nVRhBpDRq	$100
13AkGSPira68rhre7ApWXcgoaDVRhBpDRq	$50
1FV3ZbsREE19vxaDrRPmyPMhb1CQBwmKEDVRhBpDRq	$240

使用用户自己生成的地址代替账号

你可以告诉全世界这是你的比特币地址，人们可以向这个地址付款[①]。除非他们知道了只有你才拥有的私钥，否则任何人都无法花费这个账户里面的钱。你还可以根据需要创建任意数量的地址，你的钱包软件将为你管理所有地址。

有没有一种可能：你随机选择的地址是别人已经在使用的？可能，但也不太可能。我们在密码学部分看到，比特币的地址使用 0 到 115，792，089，237，316，195，423，570，985，008，687，907，853，269，984，665，640，564，039，457，584，007，913，129，639，935 之间的随机数作为私钥。可用的私钥太多，因此与别人账户相撞的可能性几乎为零。正如一位评论员所说："回到床上睡觉吧，不必担心这种情况发生"[②]。

公钥 / 私钥的组合也解决了身份验证问题。你无需登录即可证明自己是账户持有人。发送付款指令时，你需要使用私钥对交易进

① 比特币地址在某些方面比银行账户更安全。公开银行账户详细信息并不可取，正如 Top Gear 主持人杰里米 · 克拉克森（Jeremy Clarkson）在 2008 年发现的那样。他在一份名为《太阳报》的报纸上公开了他的银行账户详细信息，试图表明他的银行账户只允许他自己使用。他可以收到钱，别人不能用这个账户付款。事实证明他错了，他的详细信息被用来从他的账户中借记了 500 英镑。肇事者具有一定的道德操守，并用这笔钱做了慈善。克拉克森先生随后收回了他自己说的话。请参阅 https：//www.theregister.co.uk/2008/01/07/clarkson_bank_prank_backfires/。

② Miguel Moreno 在他的博客 https：//www.miguelmoreno.net/bitcoin-address-collision/ 上提供了一些地址冲突的计算结果。

行数字签名，并以此签名向管理员证明该指令确实来自你（即账户持有人）。你可以创建交易，并且在不连接任何网络的情况下离线签署交易。当你将数字签名的交易指令发送给管理员时，管理员要做的就是检查数字签名对相应的账户是否有效，而不会保留你的用户名和密码及所有的交易方相关信息。

问题：单一的中央记账员

现在，我们已经消除了创建账户过程中管理员充当的角色。但是，我们仍然需要由第三方管理员担任中央记账员，来维护交易清单和账户余额，并根据某些业务和技术规则来验证和完成你要求的交易。无论你的交易是否通过，这个单一的控制点最终决定了显示在你账户中的内容。作为单一控制点，它一般是金融机构，并且具有必须识别你和所有其他客户的监管义务，该过程称为“了解客户”或“KYC”。它也可以强行对交易实行监管。

因此，作为数字现金系统，为抵御第三方影响（包括控制和审查），我们需要消除这个单一控制点[①]。

① 这是从有中央管理员的文件共享系统 Napster 中汲取的教训。它最终失败了，并为 Bit Torrent 铺平了道路。BitTorrent 是一个文件共享系统，没有中央管理员，因此很难关闭。

一个记账员：不能抵抗审查

记账员	
公钥生成的地址	结余
1mk41QrLLeC9Cwph6UgV4GZ5nRfejQFsS	$100
1Lna1HnAZ5nuGyyTjPWqh34KxERCYLeEM1	$50
1PFZip1iJCYYaWc1C2FCc2UWXDU197rhyP	$240

解决方案：复制账本

与你共享安全系统以及系统信息的人越多，信息受到操纵的可能性就越小。但是，一群“受信任的记账员”将不可避免地需要一个管理员。该解决方案使任何地方的任何人都可以成为记账员，而无需征求任何人的许可且没有等级制度。并且所有记账员，无论身在何处，都保持相同的完整账本，而且大家地位相同，彼此之间相互制衡。因此，如果任何一个记账员尝试审查交易或操纵数据库，其他记账员将会忽略或踢开他。

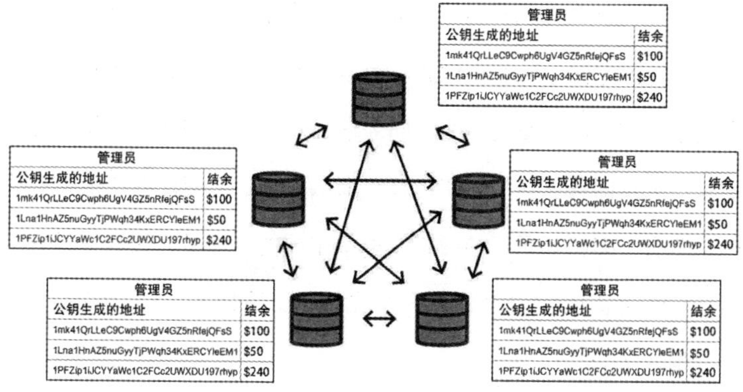

复制性记账制度

只要所有记账员都保持相同的记录（包括哪些交易和不包括哪些交易），我们就有一个更具弹性的系统。如果任何一个记账员由于某种原因被迫停止工作，其他记账员可以继续记账。任何人都可以加入此记账员网络，无需其他人的许可。因此，任何人可以随时随地加入或者离开该网络。

在比特币区块链中，任何人只要拥有计算机，计算机上有足够的存储空间，可以访问互联网，他就可以下载某些软件（或编写自己的软件），而且可以与其他记账员连接并成为记账员。

新交易通过网络传递给所有记账员，每个记账员将这些新的交易尽可能多地传递给与他们相关联的人。这样可以确保最终将交易传递给所有记账员。

问题：交易顺序

多个记账员如何保持彼此同步？每个记账员在交易过程中都会掺杂自己的想法。假使在世界多个地方同时创建了数百笔交易，考虑到这些交易需要花费一些时间才能完全上传到网络上，如果每个记账员都试图将这些交易整理好，那么关于这些交易的“正确”顺序，会有很多相互矛盾的版本。如果中国的记账员先接收交易 A，然后接收交易 B，而美国的记账员先接收交易 B，然后接收交易 A，会发生什么情况？

地理位置、技术优劣、网络连接、互联网流量、服务器和带宽都影响着交易的速度和顺序，这些使世界任何地方的事务能在某些地方体现出来。举例来说，你在伦敦的交易清单与其他人的清单，甚至是隔壁的清单，都将大不相同，更不用说记账员分布在拉各斯、纽约、奥克兰或内罗毕了。

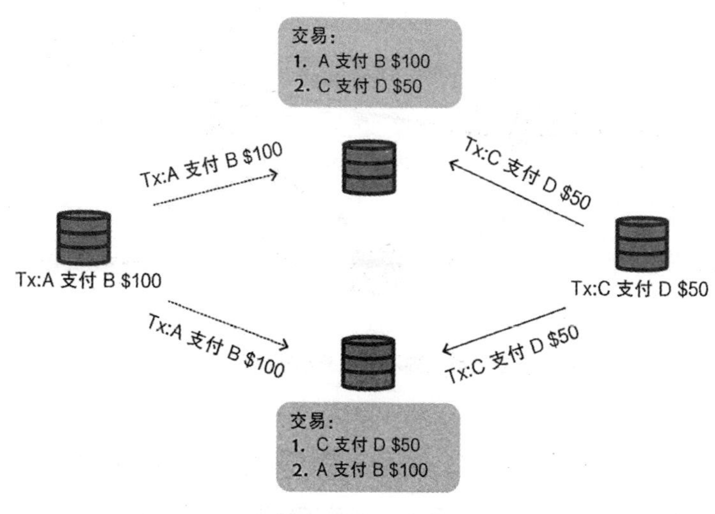

在分布式网络里交易的排序问题

我们如何获得统一的交易顺序？

解决方案：区块

我们无法控制每秒可以创建多少个交易，但是我们可以将数据输入到一个账本中。我们可以通过整份而不是逐笔进行批量记录交易做到这一点。可以将已验证为“待处理”交易的单个交易在网络上传输，然后以较低的频率将其输入记账簿中。我们称这些批次为区块。

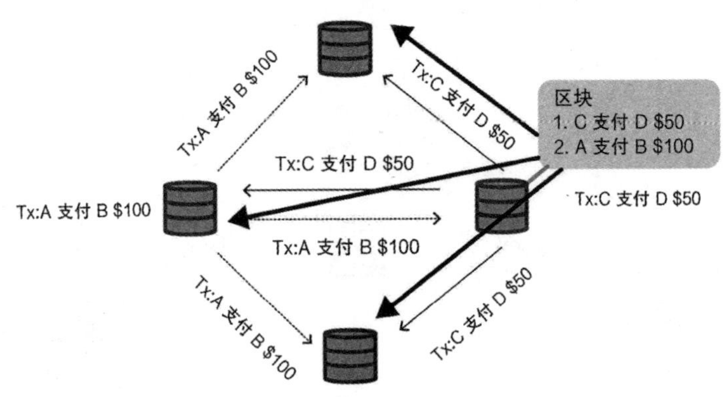

将交易绑入到不太频繁创建的区块中

与交易相比，创建区块的频率要低得多，因此在创建另一个区块之前，前一个区块很可能会传递给网络中的所有记账员。这意味着记账员现在执行两项功能：

验证和传播“待处理”交易。

验证、存储和传播交易区块。

通过放慢记账系统的“数据输入”过程，全世界的记账员就有更多时间就交易区块的顺序达成一致。因此，他们不需要所有记账员都要就交易顺序达成一致，而是要让生成区块不要太频繁，以有更多的时间就区块的顺序达成共识，有关区块顺序的意见比较少，在全网络范围内达成共识的机会更大。稍后，我们将看到该网络如何处理相互冲突的区块。

一旦你的交易与其他交易打包到一个有效的区块中，并且该区块已经在网络中传递，该交易即被确认为“已确认”。当下一个区块被添加时，你的交易就经过了两次确认。随着新区块的不断到来，你的交易会进入账本更深的位置，经过确认的次数越来越多。这一点很重要，因为在某些情况下，链的最顶端（最新区块）可能会被其他区块取代，剔除看起来已经被确认的交易[①]。稍后我们将研究“最长链条规则”。

记账员可以就交易顺序达成共识的难易程度，与将有效交易写入区块链的速度进行权衡取舍。例如，每天创建一次区块，这将使所有记账员都能就这些区块的顺序达成一致，但这样一来，人们等待交易确认的时间就会很长。

在比特币区块链中，平均每 10 分钟创建一个区块。不同的加密货币创建区块所需要的时间不同。

问题：谁可以创建区块，以及多久创建一个区块

我们已经了解，批量地将进行中的交易打包到区块之中，这种

① 这意味着区块链并非是无法修改的。

方式在整个网络中都非常流行。记账员将这些区块添加到自己的账本中。我们稍后将看到，对于存在争议或竞争的区块，他们将使用“最长链条规则”来决定哪个区块获胜。

首先，我们需要管理区块的创建和创建频率。这应该怎么做呢？如果有一方收集了所有待处理的交易，将它们分成几个区块，然后将这些区块发送给所有记账员，那么我们将回归一个有中心化的控制点的状态，而在设计过程中，我们已经避开这一点。

因此，需要所有人在无需许可的情况下，都能够创建区块并将其通过网络发送。那么我们如何控制区块创建的速度呢？我们如何让一群匿名的区块创建者轮流使用这个网络，并确保他们不会太快或太慢地创建区块？

记账员本人是否遵循这样一条规则，即在他看到最新一个区块之后至少 10 分钟才能接受这个区块，这样他就不能非常频繁地创建区块。由于互联网的滞后性，这可能会带来一些不公平（我们不知道任何记账员收到最新区块的准确时间，我们不能信任区块上的时间戳，因为这些时间戳很容易被伪造），我们也不能相信单个记账员，他可能会更改此规则或更改计算机时间，从而提前接收自己创建的区块。

也许，我们可以有一个指挥者，他的任务是随机分配下一个区块创建者，他允许在前一个区块之后经过 10 分钟再可创建下一个区块。不过，这也不起作用，因为这个指挥者将是网络控制的中心点，而我们也不需要有控制权的中心点。

因此，也许每个区块创建者都可以被随机分配，例如掷出一些虚拟骰子，获得“双六”的人将成为下一个区块创建者，但这也是行不通的，怎么能证明自己没有受骗呢？谁来掷骰子？我们如何随机分配下一个区块创建者，并确保每个人都认为这是一个公平的过程呢？

解决方案：工作量证明

这一解决方案非常聪明。具体是，所有区块创造者都必须在一种“拼运气的游戏”中获胜，这个游戏在整个网络上需要花费特定的时间（平均 10 分钟）才能完成。

这个游戏必须给所有区块创建者均等的获胜机会。游戏没准入门槛，否则设置门槛的人就成了有控制权的中心点。游戏中不得包含捷径，并且游戏必须能够出具证明，以便获胜者能够证明自己已经获胜。游戏一定不能作弊。

奖励是什么？就是被允许创建下一个区块。

比特币使用的机会游戏称为“工作量证明”。每个区块创建者都同时处理一堆他们知道但尚未包含在任何先前区块中的交易，并以特定格式将它们打包成一个区块。然后，创建者根据区块中的数据计算其哈希值[①]。请记住，哈希值只是一个数字。比特币的工作量证明游戏规则如下：

如果该区块的哈希值小于目标数字，则该区块被视为所有记账员都应接受的有效区块[②]。

如果区块的哈希值大于目标数字怎么办？特定的区块创建者是否就此退出了？答案是否定的。区块创建者需要更改传入哈希函数的数据，然后尝试再次对区块进行哈希处理。他们可以通过从区块中删除交易、添加新交易、更改区块中交易的顺序来执行此操作。但是这些操作并不完美，最终你可能用尽了所有的排列。

比特币的解决方案是，在每个比特币区块中，都有一个特殊的部分，区块创建者可以用任意数字填充这部分。这部分存在的唯一目的是允许区块创建者在其中填充数字，如果哈希块不符合“哈希值小于目标数字”的规则，则可以更改数字。因此，如果第一次哈希尝试未能满足要求，他们只需更改该部分数字即可。此数字称为“nonce”（一次性编号），且会与该区块中的财务交易完全分开。它唯一的工作是让区块创建者可针对哈希函数更改输入的数据。

---

① 从技术上讲，哈希功能是对称为区块头的区块数据执行的，该数据块本身包括区块中包含的交易的哈希值。

② 还有其他确定“有效”区块的规则，例如以字节为单位的大小，但是我们在此重点介绍哈希工作量证明规则。

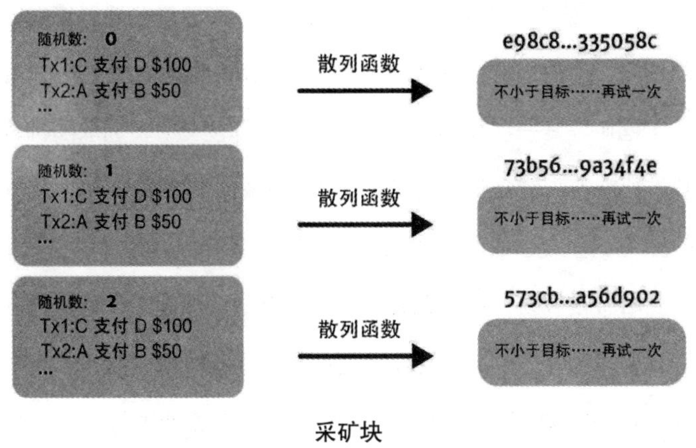

采矿块

因此，每个区块创建者将这个区块放在一起，用数字填充nonce然后进行哈希处理。如果结果满足“哈希值小于目标数字”规则，则他们已经创建了一个有效区块，可以将其发送给记账员，然后开始处理下一个区块。如果结果不符合规则，则他们会更改随机数（例如加1）并再次进行哈希运算。他们反复执行此操作，直至找到有效的块。这一过程被称作“挖矿”。

这个过程在Miller等人的论文《不可外包的刮刮难题阻止比特币采矿联盟》[①]中被形象地描述为刮刮难题。就像刮彩票卡一样，每个矿工都必须花费一些努力才能刮开彩票，看是否中奖。

① Non-outsourceable Scratch-Off Puzzles to Discourage Bitcoin Mining Coalitions Andrew Miller, Elaine Shi, Ahmed Kosba, and Jonathan Katz. ACM Computer and Communications Security （CCS）, October 2015. http：//soc1024. ece.illinois. edu/nonoutsourceable_full.pdf.

因此，创建有效区块的权限不需要第三方，而是通过重复一些烦琐的数学算法实现自我分配，所有计算机都可以做到[①]。请注意，“挖矿”是一项烦琐且重复的工作。打包交易，选取随机数，对其进行哈希，看看哈希值是否小于一定数字，如果不是，则以不同的随机数重复。并不是媒体上广泛描述的“解决复杂的数学问题”。哈希很容易，但很无聊！如果你有足够的耐心，甚至可以用铅笔和纸笔运算完成，尽管仅靠这些工具不太可能赢。肯·希里夫（Ken Shiriff）在没有计算器的情况下用铅笔和纸进行了笔算哈希运算，你可以在他的博客上观看他的哈希运算[②]。

这样，任何人都可以成为区块创建者并创建有效的区块。然后，他们将有效区块发送给记账员。记账员唯一要做的就是对包括这个随机数在内的区块进行一次哈希处理，以验证区块的哈希值是否小于目标数字。

工作量证明还避免了另一种攻击，即 Sybil 攻击。Sybil[③] 攻击

① 如今，专门设计、制造和使用称为 ASIC（专用集成电路）的特殊芯片来完成“挖矿”任务。为此目的而构建的 ASIC 在 SHA-256 哈希处理中非常高效，但对其他任何东西几乎没有用。因此，与全球超级计算机（可以进行通用计算）相比，比特币矿工每秒可以进行的（非常具体的）计算量之间都不会像同类一样进行比较，因此是错误的比较。

② http：//www.righto.com/2014/09/mining-Bitcoin-with-pencil-and-paper.html.

③ 这些攻击以 Sybil Dorsett 的名字命名，Sybil Dorsett 是 1973 年 Flora Rheta Schreiber 的书 *Sybil* 的化名，是一本关于 Sybil 多人格障碍的案例研究的书。

中一个参与者伪造了多个身份在网络上。想想 Facebook 或 Twitter 上的机器人（有大量的用户名其实是由少数不良行为者控制的）。

在比特币中，赢得区块的机会与你控制的哈希算力呈正比。在《比特币白皮书》中，这称为“一 CPU 一票”。如果在比特币区块链中，每个节点（添加区块的）都有均等的机会赢得创建一个区块（一个节点，一票），Sybil 攻击将创造无穷多的节点，从而赢得所有区块创建的权利，毕竟创建多个身份对于攻击者而言非常廉价。因此，工作量证明可以很好地解决这种 Sybil 攻击，因为计算工作量证明是非常昂贵的，反过来又意味着工作量证明在电力和硬件方面也很昂贵，如果试图通过哈希算力控制整个网络，攻击者的攻击成本非常高。如果你的确拥有这样的哈希算力，那么不妨尝试将其用于赢得创建区块的权利并赚钱（比特币），而不是试图破坏网络。

但是所有这些烦琐的哈希处理都需要资源：计算机、电、带宽……而这一切都需要花钱。为什么有人要这么麻烦创建区块？对他们有什么好处？我们如何激励区块创建者创建区块并保持系统运行？

解决方案：交易费用

解决方案是向区块创建者付出的时间和资源付钱！但是谁来给他们付钱？使用什么货币支付呢？如果是由外部支付的激励机制，例如由第三方支付大笔款项，将使流程中心化并且易于受到控制，这与抵制审查的目的相违背，因此不可行。美元或任何法定货币都不起作用，因为法定货币就保存在银行账户中，银行可以冻结账户。

内部激励机制可以避免第三方的控制。按照逐笔交易产生费用，区块创建者可以从每笔交易中获得少量的佣金。可以将佣金固定为所有交易的百分比或统一费率，并将规则写进协议——有点像“10 分钟一个区块”规则。但是很难确定合适的费用。比特币的解决方案是一种基于市场决定的方法，在该解决方案中，创建交易的人会自己选择交易费用，而区块创建者可以将那些愿意出较高费用的交易优先处理。

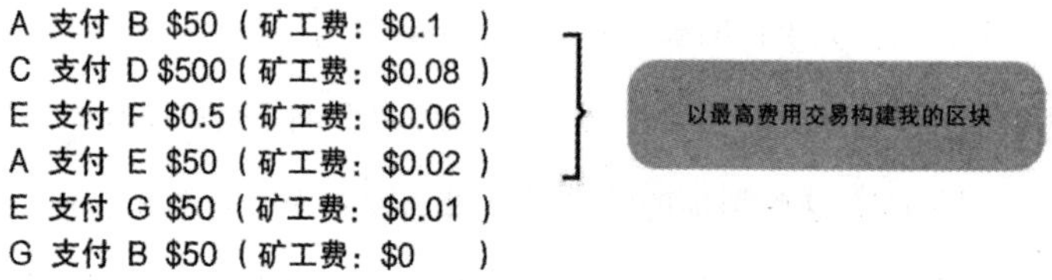

A 支付 B $50（矿工费：$0.1 ）
C 支付 D $500（矿工费：$0.08 ）
E 支付 F $0.5（矿工费：$0.06 ）
A 支付 E $50（矿工费：$0.02 ）
E 支付 G $50（矿工费：$0.01 ）
G 支付 B $50（矿工费：$0 ）

以最高费用交易构建我的区块

以自愿交易费激励人们创造区块

当爱丽丝创建她的比特币交易时，她可以选择性地为处理与她交易[①]的幸运者多支付交易费用。这笔费用使矿工可以优先处理她

① 在实际中，这种工作方式是，当爱丽丝（Alice）创建交易时，她可以指定交易支付给收款人的款项要比从其账户中扣除的金额少。用术语来说，她的交易输出少于她的输入。差额是矿工的费用。

的交易。区块受网络规则的限制，如很多数据会压缩进一个区块。在比特币区块链中，此限制名义上为 1MB[①]。当有许多交易进行时，费用往往会上升，而在交易较少的时候会再次下降。

问题：如何引导

如何激励区块创建者在早期或闲置时期（有时可能有几个小时没有交易）继续创建区块？毕竟哈希会消耗电力并花费矿工的钱。

解决方案：区块奖励

对区块创建者而言，第二个且更吸引人的激励措施是“区块奖励”。实际上，区块创建者可以每创建一个区块给自己写一张一定金额的支票。区块奖励可以激励大家运行系统，然后慢慢地开始用交易费用代替区块奖励。

区块
coinbase交易：为我创建12.5 BTC
Tx 1：A 支付 B $50（矿工费：$0.1）
Tx 2：C 支付 D $500（矿工费：$0.08）
...
矿工的奖励

自我激励计划

① 但是现在，情况变得有些复杂了，例如“隔离见证”等创新，其中区块中的部分数据不计入区块的大小。

区块中的第一个交易称为 coinbase 交易[①]。coinbase 交易很特别，因为这是唯一创建比特币的交易，所有其他交易都是比特币在各个地址之间的转移。区块创建者可以创建一个能够向任何地址支付（通常是自己支付）任意数量的比特币的交易，最高限额由比特币协议指定。该奖励限额在 2009 年为每区块 50BTC，每 210000 个区块奖励减少一半，以每区块 10 分钟计算，大约每 4 年减半。目前（2018 年中旬），最大的区块奖励是 12.5BTC，下一个减少量发生在第 630000 个区块，估计发生在 2020 年 5 月[②]。（注：现在减半已经完成）迄今为止，这些区块奖励已经创造了大约 1700 万个比特币。整个系统创造的最大比特币数量将达到 2100 万个左右，其中最后一个应该在 2140 年之前被创造出来，除非协议被更改。

这种区块奖励是使区块创造者不断创造区块的激励机制。他们花费资源进行乏味的哈希运算来创建有效的区块，从而获得宝贵的比特币作为回报。请注意，区块创建者没有义务将所有交易都打包进其区块中，他们选择这样做是因为交易本身包含交易费用，并且这些费用也应支付给区块创建者。

该系统的优点在于，用于创建区块的费用来自协议本身，而不是来自外部第三方。

---

① 不要与总部位于美国的加密货币钱包公司 Coinbase 混淆。

② http：//www.Bitcoinblockhalf.com/.

问题：更多的哈希算力，更快的创建区块，更多的货币供应

如果任何人都可以通过找到使该区块的哈希满足特定条件的随机数来创建有效区块，并为此获得报酬，那么肯定地，通过将更多的计算机投入这个过程，他们可以更快地创建有效区块并获得更高的报酬！通过将哈希能力加倍，他们平均可以将创建有效区块的速度提高一倍。

这样一来，如果不加以限制，就会造成严重破坏。随着越来越多的人在区块创建过程中投入更多的哈希算力（计算机），区块的创建速度将越来越快。请记住，我们希望缓慢地创建区块，以便让记账员有机会达成共识。

如果 BTC 的区块创建速度越来越快，就会产生大量比特币供应，并可能降低单个比特币的价值。

解决方案：难度值

如果区块创建的速度比 10 分钟创建一个区块更快的话，那么网络需要自我纠正并使速度减慢。解决方法在于更改计算哈希的目标值。总的来说，这种变化可以使网络更容易或更难找到低于该数字的哈希值。打个比方，如果你必须掷两个骰子且总和小于 8，那很容易，但是如果你必须使骰子总和小于 4，那么将需要更多次的

掷骰。因此，减小目标哈希值会减慢创建有效区块的速度。

在比特币中，目标数字是通过数学上称为“难度值”的数字计算得出的。难度值每隔 2016 个区块就会变化（每个区块 10 分钟，大约需要两周），难度值公式根据前面的 2016 个区块所花费时间自动调整。前面的 2016 个区块创建得越快，难度值增加得越多。难度值与哈希目标值呈反比的变化趋势，难度增加，目标值变小，就更难找到有效的区块，区块创建的速度因此变慢。

比特币网络完美地实现了自我平衡。如果添加了哈希算力或挖矿能力（算力）更强，则在一段时间内创建区块的速度会更快，直到下一次难度值发生变化后，难度提升导致很难找到有效的区块，从而减慢区块的创建速度。如果算力离开这个网络，那么找到区块所需的时间会更长，直到下一次难度值发生变化时，难度才会降低，并且变得更容易创建区块。而这一切都无需中央协调员即可完成。

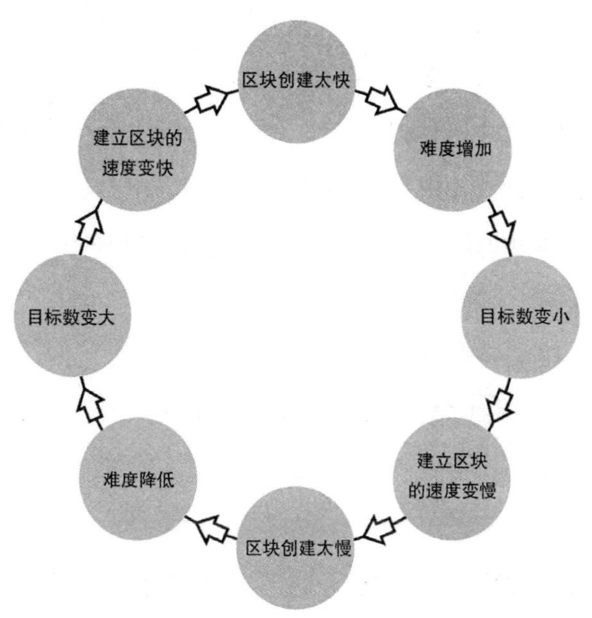

问题：区块顺序

交易被打包成区块，就像账本里面的页面一样。这些区块在网络中传递的速率比单个待处理的交易要慢。但是你怎么知道区块是如何排序的呢？在书中，每个页面都有唯一页码，并且你知道这些页面以升序排列。如果书页掉了，可以按正确的顺序将书页放回去。

让每个区块都获得一个专属的“区块编码”，我们是否可以这样做呢？原则上是可以的，但请记住区块创建者正在通过哈希其内容，查看哈希是否小于当前难度，确定目标值来竞争挖掘区块。设想区块 1000 刚刚被开采并广播到所有节点。矿工开始开采第 1001 个区块。比较狡猾的人可能偷偷去开采第 1002 个区块，试图领先竞争对手，这样，当其他人创建了 1001 个区块的时候，他们就可以提交 1002 个区块并要求获得该区块奖励。请记住，矿工不需要处理该区块中的任何交易，他们只需要哈希一个空的区块，这个区块指向 1001 个区块。不过尽管游戏中存在各种“小窍门”，但这是一个没有捷径的游戏。

是什么限制了矿工以确保他们仅开采下一个区块？如何预防“超前开采”？

解决方案：一个由区块形成的链条

每个区块都没有所谓的“区块编号”，每个区块的哈希值必须指向上一个区块。矿工必须在创建的区块中包含上一个区块的哈希值。

这意味着如果要开采 1002 区块，矿工需要知道 1001 区块的哈希值。直到 1001 区块被开采完成，你才能开采 1002 区块。这迫使矿工将精力集中在 1001 区块上，而该区块又包括了 1000 区块的哈希值，没有矿工可以跳过区块。因此，创建一个区块形成的链，不是通过区块编号（可以预测），而是通过区块哈希值（不能预测）将它们连接在一起。每个区块都引用了前一个区块的哈希值，而不是依次递增的数字。这就形成了区块链。

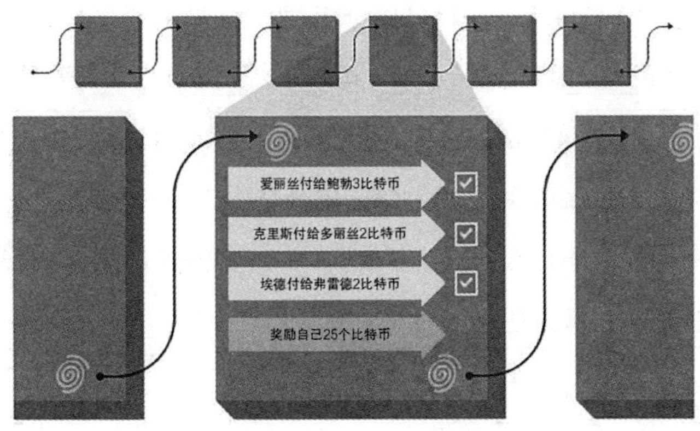

每个区块包括前一个区块的哈希值，
而不是区块编号，形成了区块链[①]**。**

通过哈希连接区块的另一个好处是内部一致性，有时称为不变性。假设通过网络传播的最新区块为区块 1000。如果流氓记账员试图篡改之前的区块（例如区块 990），并尝试将该区块重新发送给其他记账员，则他们可以：

1. 要么发布具有新数据但使用旧哈希的区块 990；

2. 要么发布具有新数据和有效哈希的区块 990（“重新挖掘”区块）。

① https：//bitsonblocks.net/2015/09/09/a-gentle-introduction-toblockchain-technology/.

在第一种情况下，该区块将被其他所有记账员视为无效，因为它内部不一致（区块的哈希值与其中的数据不匹配），而在第二种情况下，区块 990 的哈希值与区块 991 中包含的区块 990 的哈希值不匹配。这样说明你已经篡改了一部分交易记录——这一点非常明显。所以，没有什么是不可篡改的，但在区块链中篡改很难，其他人很容易知道数据是否已被修改。

问题：区块冲突 / 共识

由于哈希值的随机性，仍然存在可能不同的区块创建者在同一时间创建同一区块。如果记账员从两个地方接收到两个有效区块，这两个区块创建者（矿工）创建的区块都包含相同区块的哈希值，记账员该如何知道使用哪一个，扔掉哪一个？网络要如何才能就使用哪个区块达成共识呢？如果一个矿工收到两个有效但相互竞争的区块，他们如何知道应该在哪个区块上构建下一个区块？

解决方案：最长链规则

协议还有另一个规则，称为最长链规则①。如果一个矿工看到

① 比特币中的“共识机制”不是工作量证明（很多人这么说），而是最长链规则（换一种说法，它是完成工作最多的链条，通常连接了大多数区块）。显示工作量证明是耐 Sybl（密码学中黑客的一种攻击方式）的数据输入机制，但是用于确定哪个区块的机制是最长的链规则。

两个有效区块处于相同的区块高度，则他们可以在任一区块（通常是第一个看到的）上继续进行挖掘，不过会记住另一个区块。其他人也会这么做，一个又一个区块就会跟着被创建出来。所以规则就是，最长的链会被认定为记录链，而被丢弃的区块被称为“孤儿区块”。

孤儿区块中的交易是怎样的呢？它们不会被当作有效区块中的一部分，因此处于“未确认”状态。它们将会与其他未确认的交易一起被收录在后面的区块中，只要它们跟已经确认的交易不产生冲突。

问题：双重支付

尽管最长链规则看起来很聪明，但它可以被用来故意制造双重支付。具体操作如下：

1. 使用相同的比特币创建两个交易：一个交易支付给线上零售商，另一个交易是向自己付款（另外一个属于你的地址）。

2. 仅广播与零售商之间的交易付款。

3. 当付款进入有效区块，零售商看到你的付款后给你寄送货物。

4. 秘密地创建更长的区块链，然后将对零售商的付款记录用对自己的付款记录代替。

5. 发布那条更长的链。如果其他节点也遵守“最长链规则”的话，它们将重组自己的区块链，舍弃包含给零售商付款的区块链而用你发布的较长的链取代之。这种情况下正确的区块链就会被舍弃。

6. 支付给零售商的原始付款将被视为无效，因为那些比特币已经被用在你所创建的更长的替代链上。这种情况下，你可以收到货物，但是网络会拒绝向零售商进行支付。

1、2、3. 向零售商付款包含在一个区块中

4、5. 攻击者发布了更长的链，其中包括双重支付

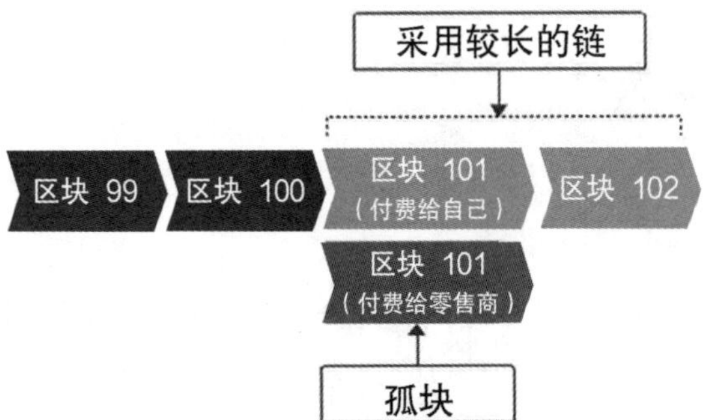

6. 原始交易（向零售商付款）不再有效，因为这些比特币在101区块中花费了（自行付款）

双重支付如何进行

解决方案：等待大约六个区块

因此，对于比特币接收方来说，通常的建议是等待交易已经深入几个区块（在该区块后面多挖出几个区块）。这样就能使人放心。

因为交易已经结算，不能再轻易否认[①]。在这种情况下如果想要创建一个更长的链来替代现有的链，就需要非常大的“挖矿”工作量[②]。因此，作为一名理智的矿工，他们会倾向于用自己的哈希值来创建合法的区块以获得区块奖励与交易费，而不是试图破坏这个网络。

换句话说，想要故意创建一个有效的区块是十分困难的。因此，如果有人要更换某个区块，他们必须快速创建区块并且要领先于网络中的其他人。这也是人们说比特币的区块链不可篡改的原因之一。但是，如果网络中超过50%的哈希算力被用来重写区块，那么是可行的，因为这种情况下它创建区块的速度比所有其他人要快，被称为51%攻击。较为少量的哈希算力当然也可能被用来重写区块，但是成功率较低[③]。51%攻击曾在仅有少数矿工且不怎么知名的加密货币上成功发生过。

---

① 在像比特币这样的区块链中，交易永远不会完全处理完。网络中某个地方可能存在较长的链并被采用。这意味着加密货币支付以概率方式而不是确定性方式进行结算。你在区块链中的交易越到达更深的区块，越不会被更长的链所干扰。

② 作为极端的预防措施，矿工必须等待100个区块，才能使用从采矿中获得的特殊coinbase区块奖励。这就是所谓的coinbase到期。

③ http：//hackingdistributed.com/2013/11/04/bitcoin-is-broken/.

哪个比特币

之前，我曾说过“使用相同的比特币”。这是什么意思呢？对于现金来说，每一种货币或支票都是一个独特的物品。你不能将同一个币或者同一张支票同时支付给两个人。然而，数字资产却不是这样的。在传统的银行账户中，你所有的钱都是混在一起，以总余额的形式呈现。当你的收入进入银行账户，就会立即同前面的钱混在一起，就像是水进入不怎么满的浴缸中一样。当你进行付款时，总余额就会减少，就像从浴缸中舀出一些水一样。你不能指定你想具体花费余额里的哪一部分。例如，当你为一杯咖啡支付 8 美元时，你不会说，“用 1 月 25 号打入我账户余额的那部分工资”，而只能说“直接从我的账户余额中扣除 8 美元”。这种非指定的方式促进了数字资产的可替代性，也就是说账户里的每一分钱都是相同的。

比特币是数字货币，但它的使用原理类似于实物现金。当你使用现金时，你可以打开钱包拿出你之前收到的 10 美元钞票支付 8 美元的咖啡钱，然后很可能再收到 2 美元的找零。比特币跟这很相似：每次你进行付款时，必须指定你想用哪 1 个比特币进行支付，也就是说需要指定用你之前收到的哪 1 个比特币。你可以通过发送给你比特币的交易哈希[①]来指定比特币。就像是区块通过上一个区块的哈希来互相连接一样，交易也使用上一笔交易的哈希来互相参

① 实际上，由于一笔交易可以包含多笔付款，因此你需要参考交易的哈希值和到你的地址中的特定付款。

照。当你用比特币付款时，你可以说，“使用这笔交易中存入我账户中的钱来支付其中一些到那个账户，然后将零钱找给我。”

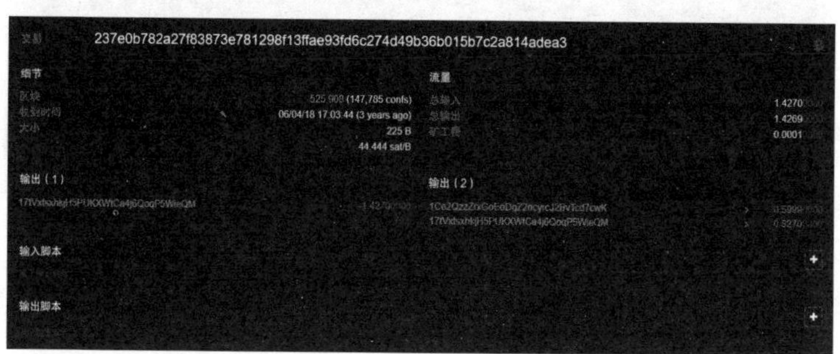

这就是一笔比特币交易[①]。你可以看到，它从地址 17tVxts...QM 中提取了 1.427 个 BTC，并将 0.5999 个 BTC 发送到 1Ce2Qzz...wK 中，并将 0.827 个比特币返回给 17tVxts...QM。但是等等，这两次付款的总和少于所花费的金额。0.5999+0.8270=1.4269，少于 1.427 的支出。0.0001 个 BTC 差是矿工的交易费。矿工可以将 0.0001 个比特币添加到 coinbase 中进行交易并支付给自己。

如果我们看一下该区块中的该笔交易[②]，我们可以看到该矿工在 coinbase 交易中支付给自己 12.52723951 个 BTC，其中包括区块奖励的 12.5 个 BTC 加上交易费用。

---

① https：//tradeblock.com/bitcoin/tx/237e0b782a27f83873e781298f13ffae93fd6c274d49b36b015b7c2a814adea3.

② https：//tradeblock.com/bitcoin/block/525908.

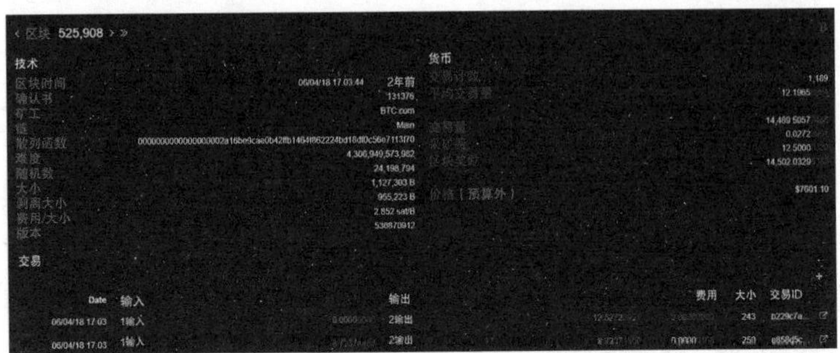

因此，所有比特币都是可追溯的。你可以看到账户中每个比特币的确切组成，你可以通过追溯以前的账户追溯到这笔比特币的各个部分，一直追溯到当时这些比特币在任何一次交易中的记录。我说的是每笔钱，而不是“每个”比特币，因为你不会一枚一枚地发送比特币，你只需发送总额。让我们以下面的例子来看看它是如何工作的。

让我们从一个空地址开始，假设你与1个比特币矿工是朋友，他们刚刚成功创建了一个“区块”，获得了12.5个BTC。12.5个比特币就像是实体钱包中的一张钞票，需要全部用完。矿工可怜你，因为你没有比特币，想给你1个BTC。因此，矿工创建了一个交易将这12.5个BTC发送给两个接收者：1个比特币给你，另外11.5个BTC回到自己账户。现在，你的账户中有了1个比特币。

假设你今天特别幸运，还有其他一些人给你比特币。在其他交易中，你会收到2BTC和3BTC。所以现在你的钱包里有6个比特币，由3部分组成，1个BTC那笔、2个BTC那笔和3个BTC那笔。

如果你想给另一个朋友1.5个BTC，你应该如何去做？你可以通过几种不同的方式来做到这一点：

选项1：花费2个BTC，你将创建一个如下所示的交易：

花费：2BTC

支付：1.5BTC给你的朋友，0.5BTC支付回自己的账户

选项2：花费3个BTC，你将创建一个如下所示的交易：

花费：3BTC

支付：给你的朋友1.5BTC，找零1.5BTC回到自己的账户

选项3：花费1个BTC和2个BTC，你将创建一个如下所示的交易：

花费：1个BTC和2个BTC

支付：给你的朋友1.5BTC，找零1.5BTC回到自己的账户

选项4：花费1个BTC和3个BTC，你将创建一个如下所示的交易：

花费：1个BTC和3个BTC

支付：给你的朋友1.5BTC，找零2.5BTC回到自己的账户

选项5：花费1个BTC，2个BTC和3个BTC，你将创建一个如下所示的交易：

花费：1个BTC，2个BTC和3个BTC

支付：给你的朋友1.5BTC，找零4.5BTC回到自己的账户

这就相当于你在一个大商店里花钞票，尽管选项1是最可能的，但是理论上你可以选择其中任何一个选项。这些都是不同的交易，但都可以实现同样的事情。你账户中的大量资金被称为“UTXO”，代表未花费交易输出。大多数人考虑的是“账户余额”（我的账户余额增加或减少），而比特币考虑的是每笔交易（这笔钱花在哪里）。汇总是交易的结果或输出，由于你尚未花费，所以它们未被使用。比特币将如下描述选项1：

选项 1：花费 2 个 BTC

交易输入：（这是所花的钱）

2BTC

交易输出：（这是尚未使用的钱）

1. 给你的朋友 1.5BTC

2. 0.5BTC 返回给自己

整个交易都经过哈希处理，并为其赋予交易 ID，这个 ID 可以在以后的交易中使用。如果你以后想要花费你返回给自己的0.5BTC，你会说：“将输出的 2 用作此笔交易，然后这样花费……”

现在，假设你已执行上述选项 1，那么账户中还剩下什么？你花了 2 个 BTC，又获得了一笔 0.5 个 BTC。因此，你剩下三笔 BTC：1 个 BTC、3 个 BTC 和新的 0.5 个 BTC。区块链记录 0.5BTC 那笔来自你自己，因此任何人都可以将 0.5BTC 追溯到其原始 2BTC，然后进一步将其追溯到其原始账户。

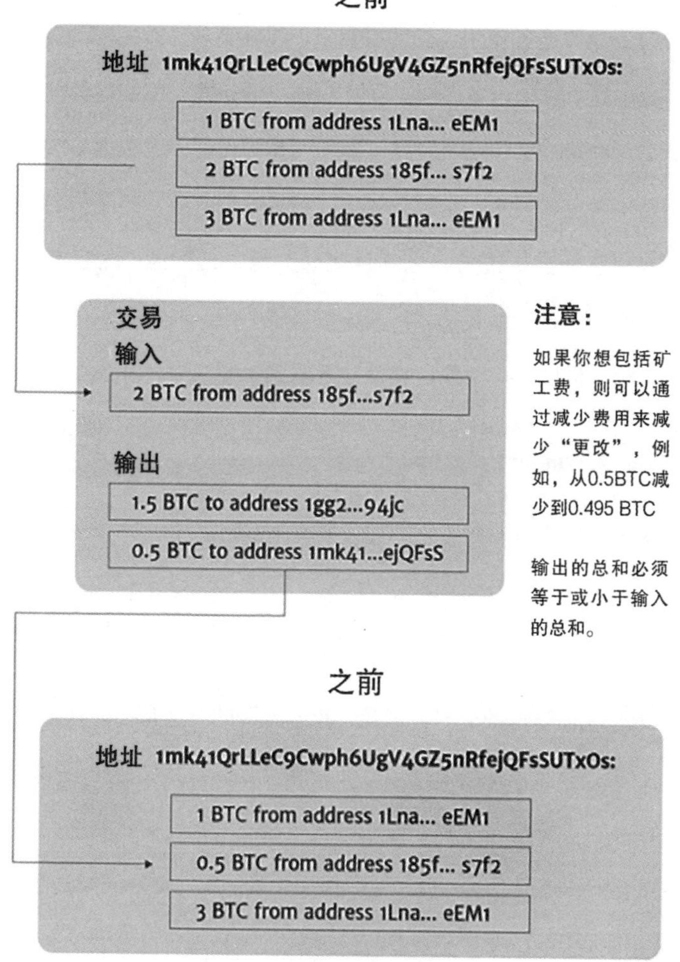
之前
地址 1mk41QrLLeC9Cwph6UgV4GZ5nRfejQFsSUTxOs:
1 BTC from address 1Lna... eEM1
2 BTC from address 185f... s7f2
3 BTC from address 1Lna... eEM1
交易
输入
2 BTC from address 185f...s7f2
输出
1.5 BTC to address 1gg2...94jc
0.5 BTC to address 1mk41...ejQFsS
注意：
如果你想包括矿工费，则可以通过减少费用来减少“更改”，例如，从0.5BTC减少到0.495 BTC
输出的总和必须等于或小于输入的总和。
之前
地址 1mk41QrLLeC9Cwph6UgV4GZ5nRfejQFsSUTxOs:
1 BTC from address 1Lna... eEM1
0.5 BTC from address 185f... s7f2
3 BTC from address 1Lna... eEM1

支出未使用的交易输出

接下来是什么

交易由发送者使用自己的密钥来创建并签名，然后将已签名的交易发送到节点，该节点根据业务规则（例如此 UTXO 是否存在，之前是否花费过）和技术规则（例如交易中包含多少数据）对其进行验证（确定数字签名是否有效）。如果发现有效，记账员会将这笔交易保存在前文说的“未确认交易”池中，称为“内存池”。然后，他们将此交易传播到网络中的其他节点。每个节点都遵循相同的过程。最终，矿工或区块创建者看到了此交易，并决定是否要将其打包到一个区块中；如果是，则开始挖掘该区块。如果矿工成功地开采了该区块，则他们将该区块广播给其他矿工和记账员，并且每个节点都会记录该交易，并在区块中进行确认。

点对点

人们说比特币的交易方式是“点对点”的，这是什么意思呢？

首先，数据以点对点的方式在记账员之间直接发送而不用通过中央服务器。交易和区块在记账员之间相互发送，记账员之间的地位同等重要——他们是平级。他们使用互联网在彼此之间发送数据，而不是像大型银行那样使用 SWIFT（银行结算系统）这样的第三方基础设施。

其次，我们通常把比特币付款方式称为点对点支付（没有中间人）。但真的是这样吗？并不完全如此。实物现金交易肯定是点对点的模式，因为除了付款人和收款人就没有其他角色参与了。但是比特币交易还是存在诸如矿工和记账员这样中间人角色的。比特币支付和使用银行的付款方式是有区别的，使用比特币付款时，中间人不是具体的人，他们彼此之间是可以相互替代的，而传统银行和中心化支付这两种服务都是有具体的中间人的。例如，如果你有汇丰银行的账户，你无法指示另一家银行比如花旗银行（Citibank）来转移你的资产，但是在比特币交易中任何矿工都可以将你的交易添加到他们正在开采的区块中。

点对点的数据分发模型就像同龄人之间通过网络分享最新的快讯一样。在很多方面，点对点模式的效率比主从式架构的效率低，因为数据需要经过多次复制和验证，每台机器一次，因此每次数据更改都会产生噪声。然而，每一个对等点都是独立的，即使一些记账员暂时断开了连接，网络也可以持续运行。因为没有可控制的中央服务器，所以点对点的网络就显得越发强大稳定且能够抵挡得住网络系统崩溃——无论是人为还是意外。

在匿名且相互之间缺乏信任的点对点网络中，每个节点都需要在任何其他节点都可能存在不良行为的基础上进行操作。因此，每个节点都需要自己做功课，需要自己来验证交易和区块，而不是信任其他的节点。如果该点对点网络大多数由诚实节点组成，则整个网络的行为诚实。接下来，我们将了解限制不良行为以及相关的成本和激励措施。

不法之徒

不法之徒能做什么？不能做什么？

一个恶意的记账员造成的影响是极其有限的。他可以选择扣留交易，也可以选择拒绝将交易发送给其他记账员，甚至可以向要求他提供关于区块链状态的人发送错误结果。但是只要你和其他的记账员快速核对一遍，你就会迅速发现这其中的猫腻。

恶意的矿工造成的影响可能会大一些，他们可能会：

1. 试图创建能够包含或排除他们选定的具体交易的区块；

2. 试图通过创建“更长的链”来创建一个双重支付，从而使最早的那条区块链被遗弃。只要他们在整个网络拥有较大比例的算力，就可以这么做。

但是他们不能：

1. 从你的账户中窃取比特币，因为他们无法伪造你的数字签名；

2. 凭空创建比特币，因为没有其他矿工或记账员会承认此交易。

因此，不法矿工的影响其实也非常有限。此外，如果有矿工被发现在使用双重支付，则在其他网络人员正式同意的情况下，该矿工将完全被从这一网络中踢出。诚实的矿工是不会为不法矿工所创造的区块背书的。

总结

交易是特定金额的比特币（UTXOs）从一个用户创建的账户（地址）转移到另一个地址。交易通过钱包软件来进行，再由独特的数字签名进行验证，然后发送给记账员（节点），他们根据一些众所周知的商业和技术规则进行单独验证。然后记账员将有效交易添加到他们的内存池并将其分发给其他与之相关联的记账员。

矿工将这些单独的交易收集到区块中，然后相互竞争，通过调整区块内容，特别是临时区域，来挖掘区块，直到区块的哈希值小于目标值。目标值基于某一时间内挖矿的难易度，根据开采前一组区块所花费的时间来调整，以达到整个网络范围内每10分钟能够开采出一个区块的目标频率。矿工获得新比特币和交易费用的激励以补偿竞争与创建有效区块时的花费。

区块间以独特的顺序相连接形成一个总链，即比特币区块链，它是由世界各地数千台运行比特币区块链的电脑几乎同时记录。如果比特币交易没有被记录在此区块链上，交易就不成功。换句话说，交易也是不存在的，因为链外的比特币交易不会成为总账本的一部分，也不存在中央机构控制总账本或对特定的交易进行审查。

不同的区块链平台或系统的工作方式不同。如果管理方式改变或目标改变、被限制，则解决方案也可以改变。解决方案或许可以变得更简单。后文我们会对私链进行分析。对于私链来说，抗审查并不是关键因素。

比特币的生态系统

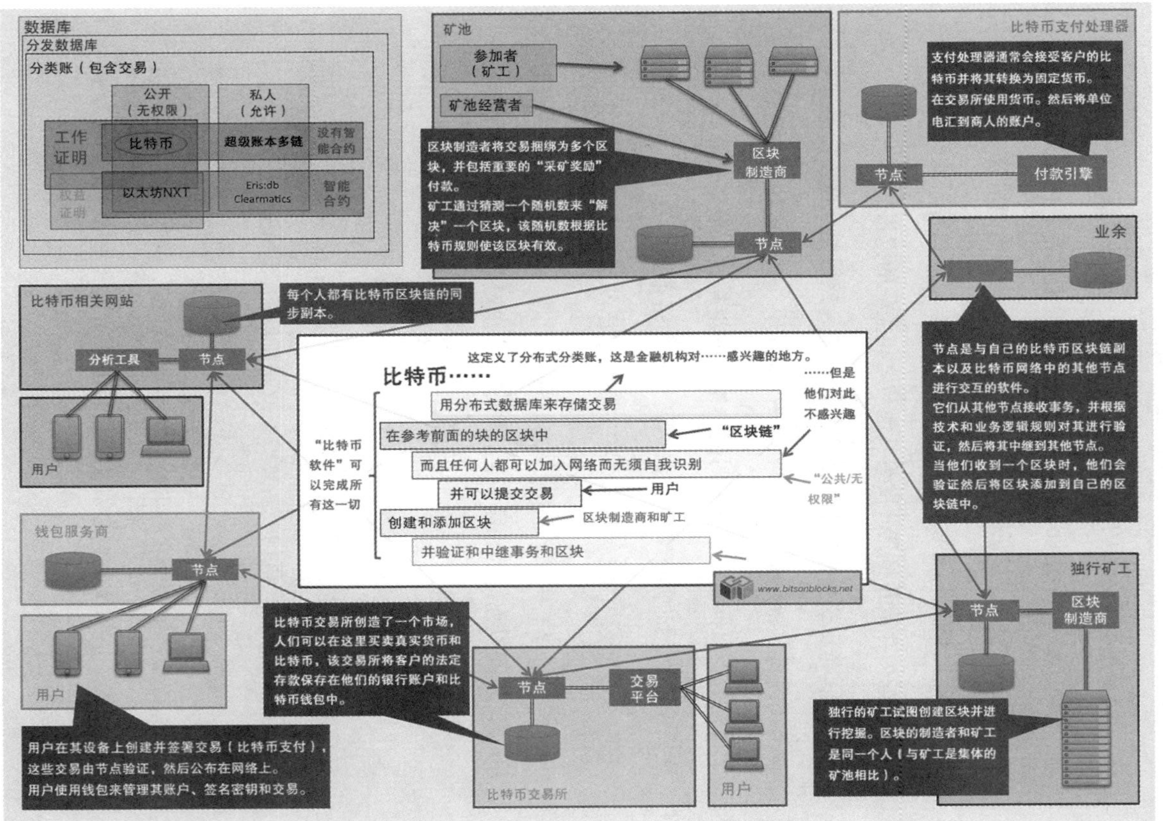
数据库
分发数据库
分类账（包含交易）
公开
（无权限）
私人
（允许）
工作
证明
比特币
超级账本多链
没有智
能合约
权益
证明
以太坊NXT
Eris:db
Clearmatics
智能
合约
矿池
参加者
（矿工）
矿池经营者
区块制造者将交易捆绑为多个区块，并包括重要的“采矿奖励”付款。
矿工通过猜测一个随机数来“解决”一个区块，该随机数根据比特币规则使该区块有效。
区块
制造商
节点
比特币支付处理器
支付处理器通常会接受客户的比特币并将其转换为固定货币。
在交易所使用货币。然后将单位电汇到商人的账户。
节点
付款引擎
业余
节点是与自己的比特币区块链副本以及比特币网络中的其他节点进行交互的软件。
它们从其他节点接收事务，并根据技术和业务逻辑规则对其进行验证，然后将其中继到其他节点。
当他们收到一个区块时，他们会验证然后将区块添加到自己的区块链中。
比特币相关网站
每个人都有比特币区块链的同步副本。
分析工具
节点
用户
这定义了分布式分类账，这是金融机构对……感兴趣的地方。
比特币……
……但是
他们对此
不感兴趣
用分布式数据库来存储交易
在参考前面的块的区块中
“区块链”
“比特币软件”可以完成所有这一切
而且任何人都可以加入网络而无须自我识别
“公共/无权限”
并可以提交交易
用户
创建和添加区块
区块制造商和旷工
并验证和中继事务和区块
www.bitsonblocks.net
钱包服务商
节点
用户
用户在其设备上创建并签署交易（比特币支付），
这些交易由节点验证，然后公布在网络上。
用户使用钱包来管理其账户、签名密钥和交易。
比特币交易所创造了一个市场，人们可以在这里买卖真实货币和比特币，该交易所将客户的法定存款保存在他们的银行账户和比特币钱包中。
节点
交易
平台
比特币交易所
用户
独行矿工
节点
区块
制造商
独行的矿工试图创建区块并进行挖掘。区块的制造者和矿工是同一个人（与矿工是集体的矿池相比）。

把所有放在一起看，我们可以看到比特币生态系统由扮演不同角色的各方组成。矿工和记账员专注于建设和维护区块链本身。钱包使人们易于使用比特币。交易所和比特币支付处理器在法定货币和加密货币世界之间架起了桥梁。

比特币在实际中的应用

虽然理论上听起来不错，但实际上比特币并不像人们认为的那样分散。从某些指标来看，它并不是像一些支持者们希望让你相信的那样。

记账节点

虽然有大约10000个节点来执行记账任务以及对交易与区块进行记录，但大多数运行的软件其实是由少数人编写并控制的。这些人被称为“比特币核心”开发人员，而相应软件被称为“比特币核心”。

不同比特币核心的各种版本的软件都有一些稍许不同的规则，但这些不同还不足以造成不兼容性。例如，有些软件表示，如果有足够的参与者赞同，记账员的记账规则就可以修改。

“挖矿”

尽管任何人都可以“挖矿”，但由于该过程变得如此烦琐，以至于人们发明了新的硬件和芯片，这些硬件和芯片被设计为在执行 SHA-256 哈希处理方面极其高效。ASICs（专用集成芯片）在 2014 年成为比特币挖矿的标杆，在能源消耗及效率方面，它要胜于所有其他形式的硬件。Dave Hudson 在他的博文 *Hashing It*[①] 中探究了 ASICs 的影响。在大部分媒体的一些文章中，这些专门设计的芯片计算能力通常可以比拟一些超级计算机，但是 ASICs 无法在一般计算机上运行，因此与超级计算机进行比较是没有意义的。只有少数实体可以通过挖矿盈利，他们一般聚集在廉价电力区，形成“矿池”。下图显示了矿工以及最近各个矿池挖掘区块的比例。

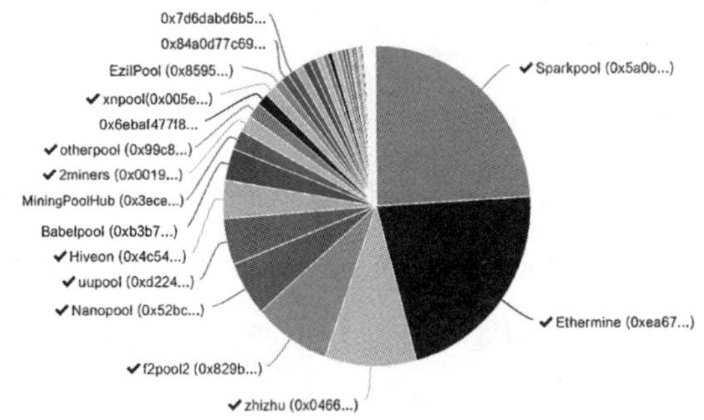

比特币挖矿并不是那么分散

资料来源：blockchain.info[②]

---

① http：//hashingit.com/analysis/22-where-next-for-bitcoin-mining-asics.

② https：//blockchain.info/pools?timespan=4days past 4 days of blocks，retrieved 27 May 2018.

其中有一些是单独的挖矿实体，有一些是联合体，任何人都可以加入，贡献哈希值，并根据他们的贡献获得奖励。据估计，大约 80%的哈希值都被中国的公司控制。BTC.com、Antpool、BTC、TOP、F2Pool、viaBTC 都是中国的公司[①]，还有一家名为比特大陆的公司同时拥有 BTC.com 和 Antpool。因此，如果前三大矿池合作，它们就可以重组区块，进行双重支付，没有人能够阻止它们，因为它们代表了 50% 以上的哈希算力。因此，这不算是一个真正去中心化的系统。

人们或许会认为矿工们不会这么做，因为这会导致大家对比特币失去信心，价格下跌，进而使他们所持有的比特币变得一文不值。然而，矿工们可以通过做空，从比特币下跌中获利。

挖矿硬件

正如讨论的那样，矿工使用被称为 ASICs 的专用芯片，这种芯片专门针对 SHA-256 哈希设计与制造以提高挖矿效率。商业芯片制造商在设计提高 SHA-256 哈希效率的芯片方面一直很缓慢，因此针对挖矿巨大的需求已经形成了一个专门提供比特币 ASICs 芯片的行业。ASICs 芯片主要的供应商是比特大陆，也是前文提到的控制两个矿池的中国公司。据估计，比特大陆生产的硬件所开采的比

① 尽管矿池是由中国实体控制，但是从理论上讲，控制哈希率的人可能不是中国人，并且可以随意切换池。

特币区块[①]占了比特币区块总量的70%—80%。比特币硬件制造并不是去中心化的。

BTC所有权

BTC的所有权分配也表明了它主要集中在少数人手里。

比特币分配

BTC余额	地址	占总地址的百分比	币	美元	占总比特币的百分比
(0~0.001)	16069291	48.97% (100%)	3,213 BTC	53,787,966 USD	0.02% (100%)
[0.001~0.01)	8186797	24.95% (51.03%)	32,748 BTC	548,261,952 USD	0.18% (99.98%)
[0.01~0.1)	5437731	16.57% (26.09%)	177,120 BTC	2,965,332,178 USD	0.96% (99.81%)
[0.1~1)	2305197	7.02% (9.52%)	726,069 BTC	12,155,816,240 USD	3.92% (98.85%)
[1~10)	664272	2.02% (2.49%)	1,728,033 BTC	28,930,649,823 USD	9.32% (94.94%)
[10~100)	138057	0.42% (0.47%)	4,464,674 BTC	74,747,355,520 USD	24.08% (85.62%)
[100~1,000)	14034	0.04% (0.05%)	3,529,040 BTC	59,083,014,864 USD	19.03% (61.54%)
[1,000~10,000)	2126	0.01% (0.01%)	5,312,008 BTC	88,933,378,827 USD	28.65% (42.51%)
[10,000~100,000)	109	0% (0%)	2,428,361 BTC	40,655,497,217 USD	13.1% (13.86%)
[100,000~1,000,000)	1	0% (0%)	141,452 BTC	2,368,175,792 USD	0.76% (0.76%)

比特币地址超过

1美元	100 美元	1,000美元	10,000 美元	100,000美元	1,000,000 美元	10,000,000 美元
26,247,491	10,438,973	3,962,017	1,125,267	211,332	24,659	3,306

资料来源：bitinfocharts.com[②]【update】

根据分析，几乎90%的比特币集中在少于0.7%的地址中。当然，我们必须谨慎对待此类分析。一些大的钱包商由为大量用户提供托

① https：//www.cnbc.com/2018/02/23/secretive-chinese-bitcoin-miningcompany-may-have-made-as-much-money-as-nvidia-last-year.html.

② https：//bitinfocharts.com/top-100-richest-bitcoin-addresses.html retrieved 27 May2018.

管服务的交易所控制。所以上图表格可能是夸大了比特币所有权的集中化。当然，也有人反驳说，一些人故意将比特币分散到大量的钱包中是为了不引起人们的注意。这很容易做到，因此该表可能对比特币的集中化处于低估状态。它可能就像在非加密世界中一样，少部分人占据了大部分财富。当然，目前大家对比特币的这种情况还是蛮惊讶的。

比特币协议的升级

比特币网络和协议的升级也相当集中。大家可以通过“比特币改进提议”进行更改。这些是任何人都可以编写的文档，但是最终都存储在网站 https：//github.com/bitcoin/bips 上。如果将其写入 GitHub 上的比特币核心软件（https//github.com/bitcoin/Bitcoin），它就构成了比特币协议升级的一部分，即“比特币核心”的下一个版本。

如我们所见，这是由大多数参与者来负责的。

交易费用

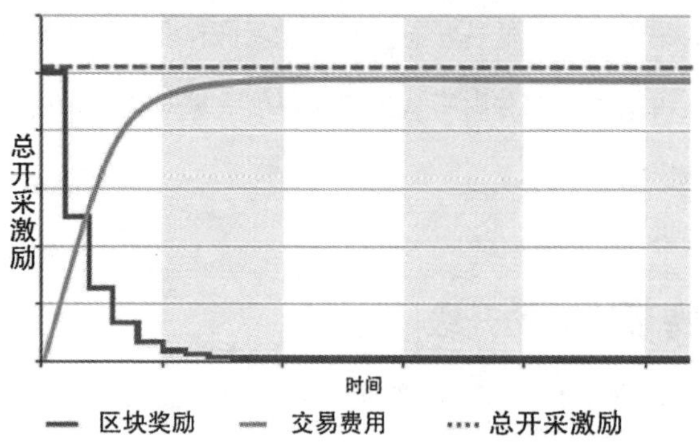

从理论上讲，每个区块收取的交易费旨在补偿随着比特币推广带来的区块奖励减少，然而事实不是这样的。

资料来源：tradeblock.com[①]

① https：//tradeblock.com/bitcoin/historical/1w-f-tfee_per_tot-01071.

上图显示，除了 2017 年年底出现短暂上涨外，总交易费用一直稳定地保持在每周约 200BTC 的低位。与此相比，每周通过 coinbase 奖励生成的新的 12600BTC（每区块 12.5BTC×6 区块 / 小时 ×24 小时 / 天 ×7 天 / 周 =12600BTC，这一数字在 2016 年减少了一半，2020 年又再次改变）。显然，如果不显著增加交易费用来补偿，比特币挖矿经济学将发生变化。

比特币的前辈们

像大多数创新性的事物一样，比特币并非是凭空出现的。比特币是在前人经验的基础上，通过各种创新的方式，将各种现存概念进行整合而形成的现在的去中心化数字货币的特征。

以下是可能直接或间接对比特币的产生有过启发的科技和思想。

Digicash

大卫·肖姆（David Chaum）对货币朝着电子货币方向发展影响怎么夸大都不为过，他认为电子货币既能保护个人隐私，还能解决财务问题。肖姆属于早期的密码朋克一族，他于 1983 年在《密码学进程》期刊上发布的一篇名为《无法进行付款追踪的盲签名》

的文章中描述了这一概念。他希望银行能够为客户创建具有数字签名的现金。客户可以在商店使用这些电子现金，然后商家向银行兑换。当商家向银行进行兑换时，银行只知道这些电子现金是没问题的，但是无法知道这些电子现金最初出自哪位客户。因此，就银行而言，个人交易是匿名的。Digicash 是阿姆斯特丹的一家公司，旨在将该技术商业化。该系统称为 eCash，有时称为 Chaumian eCash，其代币本身称为 Cyber Bucks。尽管一些银行对 Cyber Bucks 进行了一些试验，但 Digitcash 于 1998 年申请破产，无法维持运作。

B-money

1998 年 11 月，美国教育密码学研究者和 Cypherpunk 的 Wei Dai 发表了一篇简短的论文[①]描述了两种协议下的 B-money。B-money 将在无法追踪的网络上运行，在这里，发信人和收件人只能通过数字签名（来识别）。每个消息都会由发送人签字然后加密发送给接收人。交易将被播报给网络服务器，服务器能够对账户余额进行跟踪，然后当收到带有签名的交易信息时对账户余额进行更新。

① http：//www.weidai.com/bmoney.txt.

哈希现金

1992年，Cynthia Dwork和Moni Naor在他们的论文《通过处理垃圾邮件来定价》[①]中描述了一种减少垃圾邮件的技术。该技术通过创建一个验证，使电子邮件发件人在发送电子邮件之前必须跳过这个验证。电子邮件发件人必须在其出站电子邮件中附加一种证明或收据，以证明其产生了很小的“费用”。没有这些收据，收件人将拒绝其入站。在正常的电子邮件数量下，这一“成本”是非常小的。但是对于那些发送上百万封垃圾邮件的人来说，“成本”又变得很大。所谓“成本”并不是对第三方的付款，而是发送邮件必须进行一种重复工作，以保证邮件能够被接收。因此所谓收据正是对所做的重复“工作”的证明，也就是“工作量证明”。

1997年，亚当·贝克（Adam Back）提出了类似的想法[②]，他描述了一种“基于部分哈希冲突的邮资方案”，并称之为“哈希现金”。比特币挖矿利用了这种强迫某人做一些工作并给出证明以获取某种资源的构想，在允许他们获得该资源之前他们必须完成此操作。亚当·贝克继续在2002年的一篇名为《哈希现金——拒绝服务攻击应对措施》[③]的文章中描述了工作量证明的完善与改进，包括哈希现金作为Wei Dai的B-money电子现金的提议。

---

① https：//link.springer.com/content/pdf/10.1007%2F3-540-48071-4_10.pdf.

② http：//www.hashcash.org/papers/announce.txt.

③ http：//www.hashcash.org/papers/hashcash.pdf.

E-gold（电子黄金）

E-gold 是于 1996 年开放的一个网站，由 Gold 和 Silver Reserve Inc.（G & SR）以“ e-gold Ltd.”的名义进行经营。该网站允许用户开设账户进行黄金交易。电子黄金由美国佛罗里达州银行保险箱中储存的黄金进行支撑。E-gold 不要求用户提供身份证明，因此对黑社会很有吸引力。它运行得非常成功，据报道，2015 年该网站有来自 165 个国家多达 350 万的账户，并且每天都会新增 1000 个左右的账户[①]。网站最终由于存在欺诈以及会促进犯罪[②]而被关闭。与比特币区块链不同的是，它有一本总账本记录着所有的交易。

Liberty Reserve

像 E-gold 一样，位于哥斯达黎加的 Liberty Reserve 允许客户以非常少的个人信息进行开户，这些信息仅限于名字、邮箱地址以及出生日期。Liberty Reserve 对于这些信息的真假并不在意，即便是像“米老鼠”这样的假名字也没问题。在一次调查中[③]，一位美国特工以“乔・布格斯”的名义注册了用户名为“偷走一切”的账

① https：//www.wired.com/2009/06/e-gold/.

② https：//www.justice.gov/usao-md/pr/over-566-million-forfeited-egold-accounts-involved-criminal-offenses.

③ https：//www.theatlantic.com/magazine/archive/2015/05/bank-of-theunderworld/389555/.

户；这位“乔·布格斯”居住于纽约“虚拟城市”，“假大街123号”。该调查写到该账户将被用于“黑暗的事情”。由于缺乏管制，Liberty Reserve被大量用于洗钱与其他犯罪行为，据ABC新闻[①]称，超过60亿美元的黑钱在这里流动。在2013年被美国政府根据“爱国者”法案关闭之前，它服务了超过100万的客户。

Napster

Napster是1999年至2001年活跃的一个点对点的文件分享系统。由肖恩·范宁（Shawn Fanning）和肖恩·帕克（Sean Parker）共同创建。这一系统对于那些喜欢分享音乐，特别是MP3格式音乐但是又不愿付钱的人来说特别受欢迎。这个想法是让大家能够复制与分享用户硬盘中的任何内容。高峰时期，这一系统拥有约8000万注册用户。最终由于其对版权的管理过于宽松而触犯了某些人的利益被关闭。

Napster的技术缺点是它具有中央服务器。当用户搜索歌曲时，他们的搜索请求会被发送到Napster的中央服务器，服务器会给出存储该歌曲的计算机列表，并允许用户连接到其中之一（这就是点对点）下载歌曲。尽管Napster本身没有这些资源，但它可以使用户轻易找到拥有这些资源的人。但是开展此类服务的中心化实体很

① http：//abcnews.go.com/US/black-market-bank-accused-laundering-6bcriminal-proceeds/story？ id=19275887.

容易被关闭，因此最终被一个去中心化的点对点分享系统 BitTorrent 取代。

Mojo Nation

根据首席执行官 Jim McCoy 的说法，Mojo Nation 是一个开源项目，是 Napster 和 eBay 之间的交叉项目。该项目于 2000 年[①]发布，它将文件共享和一种被称为 Mojo 的代币的小额交易相结合，文件分享人可以获得补偿。它将文件分成若干个加密组块并分散开来，因此没有哪个电脑拥有整个文件。Mojo Nation 未能获得吸引力，但曾在 Mojo Nation 工作的 Zooko Wilcox-O'Hearn 后来创建了专注于交易隐私的加密货币 Zcash。

BitTorrent

BitTorrent 是至今仍在使用的点对点文件分享协议。它是由 BitTorrent Inc. 开发出来的，该公司由曾在 Mojo Nation 工作过的 Bram Cohen 联合创立。BitTorrent 在共享音乐与共享电影的人群中很受欢迎，部分用户还可能是曾经使用过 Napster 的用户。它是去中心化的，每个搜索请求都是在用户之间进行的，而不通过中央搜索服务器。由于没有一个管理中心，因此很难进行审查与关闭。

① https：//www.wired.com/2000/07/get-your-music-mojo-working/.

回到主题，无论我们考虑的是货币（电子黄金、自由储备、比特币等）还是数据（Napster、BitTorrent 等），证据都表明，同有控制点的中心化的服务相比，分布式协议提供的服务较难失败或倒闭。我预计权力下放的趋势将继续，其中部分原因是人们担心权力机构正在将权力范围扩大到私人事务上。

比特币简史

比特币的历史是丰富多彩的，甚至比一些大众对它的认知还要丰富。一些比特币支持者认为“比特币（协议）从未被黑客入侵”，但是他们错了。比特币早就被黑客入侵。以下是我从 Bitcoin.org[①] 和 Bitcoin Wiki[②] 中关于比特币历史的介绍里挑选出的一些事件，并且附上我的个人评论。

2007 年

一个化名为中本聪的人开始研究比特币。

① http：//historyofBitcoin.org/.

② https：//en.bitcoin.it/wiki/Category：History.

2008 年 8 月 18 日

bitcoin.org 网站注册，它是使用 anonymouspeech.com 注册的，anonymouspeech.com 为那些匿名客户注册域名提供代理服务。这也表明隐私对于参与比特币的个人或团体有多么重要。

2008 年 10 月 31 日

一个化名中本聪的人编写的《比特币白皮书》发布在一个小众但非常吸引人的网站 metzdowd.com 上，该网站深受 cypherpunks（密码朋克主义者）的喜爱。

维基百科上面关于 cypherpunks 的解释如下：

密码朋克主义者是任何提倡使用强大的加密技术和增强隐私的技术作为实现社会和政治变革的途径的激进主义者。非正式团体最初是通过 cypherpunks 邮件列表进行通信的，旨在通过使用加密技术来实现隐私和安全。自 20 世纪 80 年代后期以来，cypherpunks 一直积极参与社会运动。

比特币信徒将这样一份简短的白皮书视为“圣经”。

2009 年 1 月 3 日

创世（第一个）区块被开采出来。那时，第一批比特币（其中 50 个）是凭空创造的，并记录在比特币区块链的第一个区块上——零区块。这个交易包含区块链交易，即“coinbase”交易，包含着以下文本内容：

《泰晤士报》2009 年 1 月 3 日总理即将进行第二次对银行的救助。

文字引用了 2009 年 1 月 3 日英国报纸《泰晤士报》的标题。

而这就是证明该区块的开采日期不可能早于这个日期。并且标题的选择极有可能是故意的，因为它的含义是：银行倒闭时，它们的损失由社会承担；而比特币的出现意味着：人们不需要银行。

THE TIMES

Eat Out from £5

Israel prepares to send tanks and troops into Gaza

Chancellor on brink of second bailout for banks

99p

资料来源：thrivemovement.com[①]

① http：//www.thrivemovement.com/Bitcoin–lessons–thriving–world.blog.

所以要小心那些说自己2009年之前就开始从事“比特币交易”的人，我参加过很多专家小组的研讨会，为了树立自己的威信，他们在研讨会上谈论自己从多早以前就开始加入比特币圈了。有时，他们会骄傲地向那些焦急的听众们说自己早在2009年之前就开始涉猎比特币了。

一个有趣的题外话：第一个区块中开采的前50个比特币是不可花费的。它们的地址是1A1zP1eP5QGefi2DMPTfTL5SLmv7DivfNa，但由于编码有一些奇怪之处，该账户的开户人无法给任何人转账，这个开户人可能是中本聪，也可能是任何人。

2009年1月9日

中本聪发布了名为Nakamoto的比特币软件0.1版及其源代码。人们可以查看代码，可以下载并运行该软件，人们同时扮演记账人和挖矿者两个角色。自此，比特币开始进入千家万户，任何人都可以下载使用。开发人员如果想做点贡献，就要仔细检查源代码并在此基础上进行改进。

2009年1月12日

第一次比特币付款发生了，是从中本聪的地址转到Hal Finney

的地址，在区块 170 中记录[①]。这是比特币的第一次交易记录。哈尔·芬尼（Hal Finney）是一位密码学家，也是一位密码朋克主义者和编码员，有些人甚至认为他的地位仅次于中本聪。

2010 年 2 月 6 日

第 1 个比特币交易所"比特币市场"由 bitcointalk.org 论坛用户 dwdollar[②] 创建。以前人们交易比特币，是以一种混乱的方式在聊天室和网站的留言板进行。交易所是使人们买卖比特币变得更容易和增加比特币价格透明度的第一步。

2010 年 5 月 22 日

比萨日！这是第一次有记录的比特币用来支付现实世界物品的交易。拉斯洛·汉耶茨（Laszlo Hanyecz）是美国佛罗里达州的一名程序员，他在比特币论坛上支付了 10000 个比特币买了一个比萨[③]。

① https：//blockchain.info/ block/00000000d1145790a8694403d4063f323d499e655c83426834d4ce2f8dd4a2ee.

② https：//bitcointalk.org/index.php？ topic=20.0.

③ https：//bitcointalk.org/index.php？ topic=137.0.

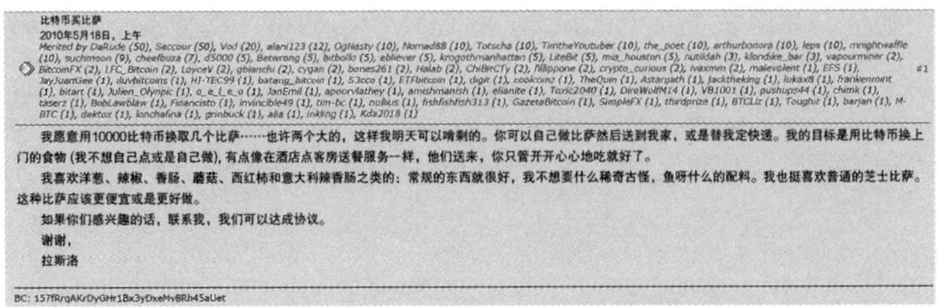

另一位名叫 Jeremy Sturdivant（“jercos”）的开发者接受了这个出价并打电话给达美乐比萨（不是 Papa Johns 经常报道的那个），并把两个比萨快递给了拉斯洛。之后他收到了来自拉斯洛的 10000 个比特币[①]。

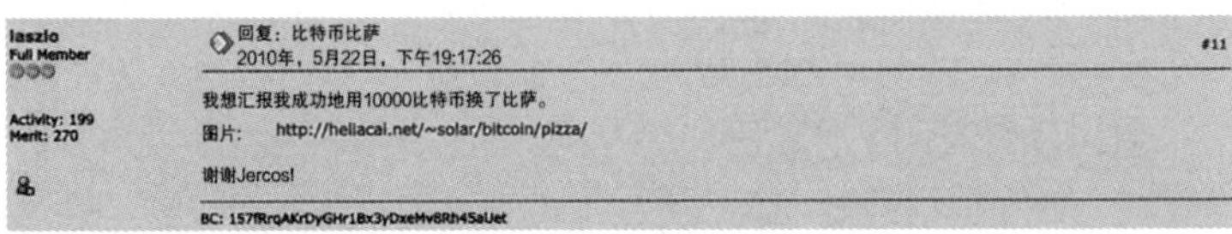

这是交易记录[②]：

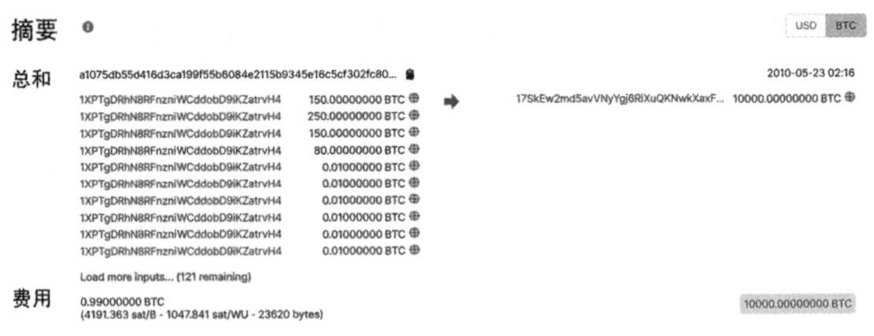

① http：//bitcoinwhoswho.com/index/jercosinterview.

② https：//blockchain.info/tx/a1075db55d416d3ca199f55b6084e2115b9345e16c5cf302fc80e9d5fbf5d48d？

拉斯洛公开了报价，并且在第二个月收到了大量价值10000比特币的比萨订单，随后他取消了这个报价

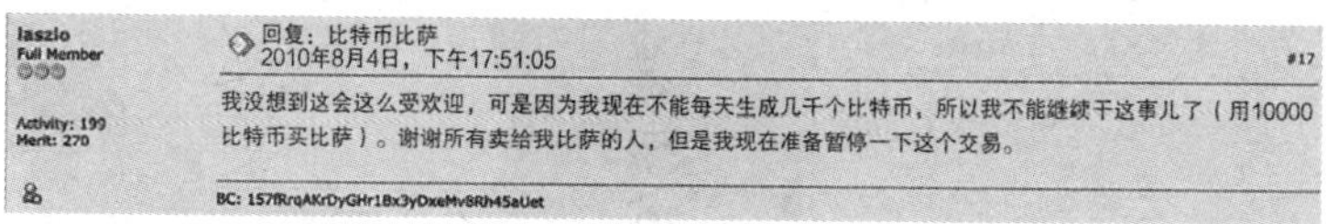

除了直接进行买卖，这是利用比特币进行的第一个经济活动。

2010年7月17日

麦凯莱布（Jed McCaleb）（他最近成立了恒星币，恒星币是一个基于瑞波币的加密货币平台）将他的信用卡交易所转换为比特币交易所。“Mt Gox”一词发音通常是“mount gox”，象征着“魔力”：聚集线上交易。最初该网站是用来进行信用卡交易，后来转换成了比特币交易所。

最初，你可以使用PayPal为Mt Gox账户充值，但是在10月，他们改用了Liberty Reserve。Mt Gox最终在2013年11月到2014年2月期间倒闭了，但在它的全盛时期，它是名气最大的比特币交易所。

2010年8月15日

比特币协议被黑客入侵。要对时下流行的说法心存警惕，即“比特币协议本身从未被黑客入侵”。当时比特币协议有一个潜在的漏

洞，有人在 74638 区块中利用此漏洞为自己创建了 1840 亿比特币。这项诡异的交易很快被发现，在社区大多数人的同意下，比特币区块链进行了“分叉”，又恢复到先前的状态（我们将在后文讨论分叉）。

都说比特币是永恒的，但是凡事都有意外。

这个漏洞很快被修复了。Bruno Skvorc 在他的博客 bitfalls.com[①] 中的文章，很好地解释了这一切发生的过程，bitcointalk 论坛上有一篇教程[②]，主要开发人员讨论了该漏洞。

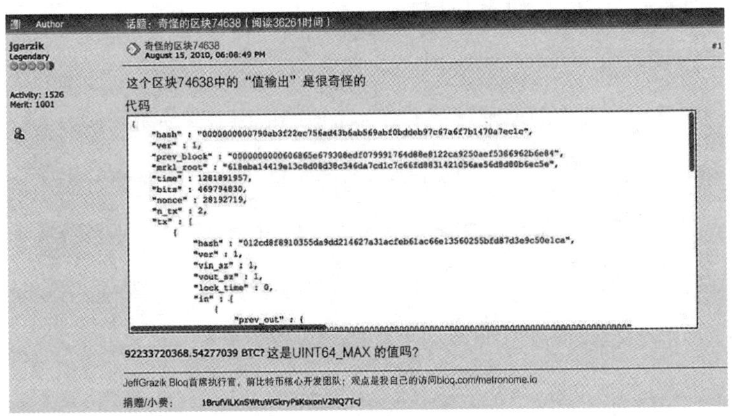

Author 话题：奇怪的区块74638（阅读36261时间）

jgarzik
Legendary
Activity: 1526
Merit: 1001

奇怪的区块74638
August 15, 2010, 06:08:49 PM #1

这个区块74638中的“值输出”是很奇怪的

代码

```
{
    "hash" : "0000000000790ab3f22ec756ad43b6ab569abf0bddeb97c67a6f7b1470a7ec1c",
    "ver" : 1,
    "prev_block" : "0000000000606865e679308edf079991764d88e8122ca9250aef5386962b6e84",
    "mrkl_root" : "618eba14419e13c8d08d38c346da7cd1c7c66fd8831421056ae56d8d80b6ec5e",
    "time" : 1281891957,
    "bits" : 469794830,
    "nonce" : 28192719,
    "n_tx" : 2,
    "tx" : [
        {
            "hash" : "012cd8f8910355da9dd214627a31acfeb61ac66e13560255bfd87d3e9c50e1ca",
            "ver" : 1,
            "vin_sz" : 1,
            "vout_sz" : 1,
            "lock_time" : 0,
            "in" : [
                {
                    "prev_out" : {
```

92233720368.54277039 BTC? 这是UINT64_MAX 的值吗?

JeffGrazik Bloq首席执行官，前比特币核心开发团队；观点是我自己的访问bloq.com/metronome.io

捐赠/小费： 1BrufViLKnSWtuWGkryPsKsxonV2NQ7Tcj

如果还有人说比特币从没有被黑客入侵，那你就可以质问这些人“2010 年 8 月有人给自己发送了 1840 亿枚比特币是怎么回事？”

① https：//bitfalls.com/2018/01/14/curious-case-184-billion-bitcoin/.

② https：//bitcointalk.org/index.php？ topic=822.0.

2010 年 9 月 18 日

第一个矿池 Slush 开采出了它的第一个区块。矿池是一个组织，在这里众多的参与者将自己的算力结合起来，以便能有更大的概率创建一个区块赢得奖励。奖励将按参与者的算力，分配给他们，这有点像是一个彩票集团。矿池的重要性与日俱增。

2011 年 1 月 7 日

12 个比特币可以兑换 300 千亿“刀”，这有可能是有史以来比特币的最高汇率。然而，这个“刀”指的是津巴布韦刀。津巴布韦案例很好地说明了经济不景气的情况下人们可能会对相对稳定的数字货币形成过高的期待，同时也可以提醒人们必须对法定货币进行妥善管理。

2011 年 2 月 9 日

在 Mt Gox 比特币交易所，比特币与美元平价（1BTC=1USD）。

2011 年 3 月 6 日

杰德·麦卡勒布（Jed McCaleb）把 Mt Gox 网站和交易所出售给了居住在东京的法国企业家 Mark Karpeles。杰德之所以出售网站和交易所，是希望马克能够将其发展壮大。然而阿拉斯·马克（Alas

Mark）辜负了杰德对他的期待。Mt Gox 于 2014 年提出破产申请，马克也最终锒铛入狱。

2011 年 4 月 27 日

VirWoX 是一个允许客户在法定货币和林登币（计算机游戏 Second Life 中使用的虚拟货币）之间进行兑换的网站，后来又加入了比特币。人们现在可以在比特币和林登币之间直接进行兑换。这可能是第一次虚拟货币与虚拟货币之间的兑换。

2011 年 6 月 1 日

《连线》杂志发表了一篇著名的文章——《在地下网站你可让购买到想象中的任何毒品》[①]，作者是阿德里安·陈（Adrian Chen）。它讲述了一个名为"丝绸之路"的网站，该网站于 2011 年 2 月启动，由 27 岁的罗斯·威廉·乌尔布里希特（Ross William Ulbricht）运营，他的绰号为"恐惧海盗罗伯茨"（Dread Pirate Roberts[②]）。"丝绸之路"网站被描述为一个"毒品易趣网"——

① https：//www.wired.com/2011/06/silkroad-2/，我也在 Gawker 上看到了这篇文章，http：//gawker.com/the-underground-website-where-you-can-buyany-drug-imag-30818160，但我不确定它们是不是同时被发表的。

② 这是 1973 年电影《公主新娘》和《恐惧海盗罗伯茨》中的称呼。

一个暗网市场，该网站只能通过特殊的浏览器 Tor[1] 来对其进行访问，该浏览器可将毒品交易双方和其他非法交易的买卖双方进行匹配。该网站利用比特币进行支付。

这篇文章是这样描述比特币的：

对于交易，“丝绸之路”网站上不接受信用卡支付，也不接受 PayPal 或任何可以被追踪和冻结的支付方式。这里唯一可以使用的交易方式就是比特币。

比特币被称为“加密货币”，相当于一个线上牛皮纸袋里面装着现金。比特币是一种非银行或非政府发行的点对点货币，由其他比特币持有者的电脑网络所创建和监管。（名称“比特币”源自领先的文件共享技术 BitTorrent）

据说比特币的交易痕迹是无法追踪的，并且受到密码朋克主义者、自由主义者和无政府主义者的拥护，这些人向往的是一种法律之外的分布式数字经济，在这里金钱可以像比特币一样自由地跨境流动。

要在“丝绸之路”网站上购买东西，你需要先使用 Mt Gox 交易所购买一些比特币。然后，在“丝绸之路”上创建一个账户，存入一些比特币，然后就可以开始购买毒品。虽然汇率每天都在剧烈波动，但是一枚比特币的价值大约固定在 8.67 美元。

这是比特币第一次受到大众的广泛关注。

---

① https：//www.torproject.org/.

2011 年 6 月 14 日

维基解密和其他组织开始接受比特币捐款。比特币对这些组织极具吸引力是由于它本身自带抗审查属性。虽然政府依靠传统支付系统（银行、PayPal 等）来监控交易，冻结资产和冻结账户相对容易，但是加密货币提供了另一种筹资机制，当然了，至于好坏，仁者见仁，智者见智。

2011 年 6 月 20 日

这可能是第一个有书面证据的事件，表明现实中的实体商户开始接受比特币作为支付手段[①]。Room77 是位于德国柏林的一家餐厅，该餐厅出售快餐，收取比特币。

2011 年 9 月 2 日

迈克·考德威尔（Mike Caldwell）开始创建物理比特币，他称其为 Casacius 硬币。它们是金属质地的物理光盘，每个光盘背后都配有一把嵌入全息图贴纸的私钥。每个硬币的私钥都链接到一个地址，该地址会提供一定数量的比特币作为资金支持，如硬币上的图案所示。

---

① https：//bitcointalk.org/index.php？ topic=20148.0.

资料来源：比特币 Wiki[①]

有关比特币的媒体文章中需要大量用到一些比特币照片，而这些 Casascius 硬币就是这些照片的代表。它们还被收藏家珍藏起来，其价值要远远高于其中包含的比特币的价值，尤其是存在拼写错误的第一版。

2012 年 5 月 8 日

Satoshi Dice 是一个于 2012 年 4 月 24 日注册的网站。用户可以将比特币发送到特定地址，有机会赢取多达 64000 倍原始投入比例的比特币。每个地址支出的费用都不同，获胜的概率也各不相同。5 月 8 日，比特币区块链上该网站的交易占比高达一半以上。Satoshi Dice 网站非常火爆，它的创始人是一位名叫 Eric Voorhees 的自由主义者。网站早期的使用者似乎对赌博情有独钟，他们用比特币也干不了别的事情。

① https：//en.bitcoin.it/wiki/File：Casascius_25btc_size_compare.jpg.

有一个有趣的系统。与其他在线娱乐不同的是，用户基本都相信这里没有抽成，相信 Satoshi Dice 是公平公正的，因为它使用加密哈希作为随机数字生成器。

这同时引发了一场争论，争论的内容是在没有服务条款的情况下，网站上的交易有没有意义。这也使社区开始思考应该收取多少公平交易费。

2012 年 11 月 28 日

比特币的首个区块奖励减半日：在区块 210000 处，区块奖励从 50 个比特币减半至 25 个比特币，从而减慢了比特币的产生速度。当时的交易费用还微不足道，因此，这个奖励减半对矿工来说，意味着每个区块的经济奖励都降了一半。

2013 年 5 月 2 日

第一个双向流通比特币的 ATM 机在加利福尼亚州圣地亚哥启动。通过这台机器，你可以用现金买入比特币或卖掉比特币来换取现金。这在全球引发了一波单向流通比特币 ATM 机（现金流入，比特币流出）和双向流通比特币 ATM 机安装浪潮。由于需求未达到预期，很多公司都最后以破产收场。新加坡在过去曾拥有超过 20 多台机器，但现在这种机器所剩无几。

2013 年 7 月

第 1 个比特币 ETF（交易所交易基金）提案已提交至美国证券交易委员会。泰勒（Tyler）和卡梅隆·温克莱沃斯（Cameron Winklevoss）是在电影《社交网络》（*Facebook*）中成名的双胞胎，正是他们推动了这个提案。ETF 可以使公众更容易对比特币进行投资，因为它允许人们通过许多基金购买比特币 ETF，而无需直接购买比特币。许多其他比特币 ETF 也已提交批准，但截至 2018 年，我不知道世界上任何地方有出现另外的比特币 ETF[①]，不过其他在传统金融交易所有提供比特币头寸的金融工具。

① 尽管有些 ETF 可能包含某些比特币，例如 ARK Innovation ETF http：//www.etf.com/sections/features-and-news/barly-any-bitcoin-left-ark-etfs。

2013年8月6日

美国得克萨斯州的一位法官将比特币归类为一种货币。其实究竟什么是比特币，大家众说纷纭：是货币吗？是财产吗？是一种证券吗？还是指代其他一些金融资产？又或者是一个全新的玩意儿？对于这个问题，没有一个全球统一的定义，以后可能也不会有。

比特币的分类涉及税收问题和其他隐含的含义，这些含义因管辖区的不同而不同。比特币和加密货币的分类可能就相当于在任何给定税制中零税率或惩罚性税率之间的差异，因此这可能对其潜在的购买和应用产生影响（请参阅下文）。

2013年8月9日

在传统的金融市场中，操盘手们通过彭博终端来搜索比特币的价格。彭博社使用代号“XBT”来表示比特币，这是符合ISO货币代码标准的。使用ISO货币代码（例如USD、GBP等）时，前两个字母表示国家或地区，第三个字母表示货币单位。如果采用“BTC”符号，则表示其为不丹的货币[①]。黄金（XAU）、银（XAG）、钯（XPD）和铂（XPT）等贵金属也被视为“货币”，但由于它们与国家无关，所以以“X”开头。比特币也应遵循贵金属的货币标准。

① https：//en.wikipedia.org/wiki/ISO_3166-1.

2013 年 8 月 20 日

在德国，比特币属于私人货币[①]，如果持有比特币超过 1 年，则可以免税。比特币和加密货币的课税方式是一个主要争论点，尤其是在美国，比特币的买和卖都会导致资本收益。如果你花 100 美元购买了 1 枚比特币，那么在其价格上涨至 1000 美元之后，你将其交换为另一种加密货币——以太币，尽管你的资产还冻结在加密货币里面，你还没有收益，但你也必须将其记录为 900 美元的资本收益，并就该资本收益缴纳税款。因此，在不同的管辖区，税务机关可能会考虑将加密货币的交换视为买卖法定货币，并且希望对这些交易征税。

2013 年 11 月 22 日

维珍银河公司的所有者理查德·布兰森宣布他愿意接受比特币作为太空旅行的支付手段。用比特币去太空旅行——多好啊！

2014 年 2 月 28 日

经过了一系列长期的问题，例如黑客攻击、网络故障、管理不善、比特币丢失、提款暂停、银行交易失败以及业务不熟练等，MtGox 最终于 2014 年 2 月在日本申请破产保护。

---

① https：//www.cnbc.com/id/100971898.

该公司表示自己已损失了将近 750000 名客户的比特币，大约有 10 万枚自己的比特币，在提交破产报告时，这些比特币加在一起的总价值约为 4.73 亿美元。到底发生了什么，流传着各种各样的说法，其中最令人信服的一个说法是黑客盗取了 Mt Gox 钱包中的比特币和交易所本身管理不善。整个破产程序陷入了混乱，甚至整个债权人名单（包括全名和索偿金额）也被泄露了。Mt Gox 的故事可以写一本书，但如果只想了解故事的摘要，你可以阅读 Wikipedia①，以了解这个令人遗憾的故事。

在 Mt Gox 公司破产后，Bitfinex 一度成为世界上最大的交易所。破产的债权人尚未得到补偿。如果有补偿的话，它将以日元计算，汇率大致相当于每比特币 400 美元（不到撰写本文时比特币价值的十分之一）。

比特币的价格

像黄金、石油或任何其他资产一样，比特币的价值可以通过美元或其货币来确定。这意味着有人愿意用美元来兑换比特币，买卖双方一般会通过加密货币交易所交易。在交易所中，你可以看到任何价格水平的加密货币被交易（后文会进行详细介绍）。你也可以与世界上任何人进行比特币交易，无论是在大街上遇到的人还是在

① https：//en.wikipedia.org/wiki/Mt._Gox.

互联网上遇到的，或者通过中间商对买卖双方进行撮合。要进行比特币交易，你仅需要有发送或接收比特币的能力以及接收或发送其他货币的能力（通常是本币）。

和任何其他市场交易的资产一样，比特币的价格随供求关系而波动。在任何时间点，人们都以他们愿意购买或出售的价格来进行交易。如果购买压力较大，比如人们都想购买更多的比特币，那么价格将会上涨；反之，如果抛售压力加大，比如人们想出售更多的比特币，那么比特币易手的价格将会下降。以后会我们针对如何给加密货币和代币定价做详细的介绍，但是现在我们专门研究比特币的价格。

比特币的价格历史

比特币的价格变动异常剧烈。最近比特币的价格上涨至每比特币近 20000 美元，随后又下跌至 6000 美元，这引起了媒体的关注：

2018 年：每个比特币的价格近 20000 美元，然后暴跌了 60%，真是疯狂！

但这不是比特币第一次如此反复无常的波动了。比特币的波动似乎是呈周期性的，每个周期都和前一次一样令人感到头晕目眩。

以下是 2013 年和 2014 年经济泡沫时期的详细信息：

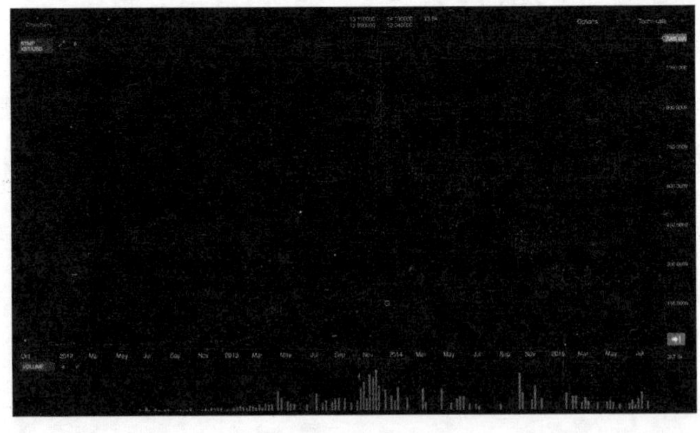

2013 年曾出现每个比特币的价格接近 1200 美元，随后暴跌了 80%的情况，那也很疯狂！

Mt Gox 交易所比特币的峰值价格接近每比特币 1200 美元，然后暴跌至 200 美元以下，经过一个小反弹，然后在 2014 年逐渐跌至 200 — 300 美元的范围，2014 年也称为“比特币寒冬”。对于比特币持有者来说，那是一段痛苦的时期，不过对于有远见的买家来说，那也是买入比特币的好时机。导致比特币泡沫破裂的原因有很多，包括机器人交易（自动买卖的程序）以及无法从 Mt Gox 提取法定货币，等等。任何想从 Mt Gox 提现的人都必须购买比特币（推高价格）然后转出比特币。随后中国政府宣布，它们将禁止比特币交易，比特币价格开始暴跌。

但这绝不是比特币价格第一个泡沫。下图是比特币 2013 年的价格，4 月份价格从 15 美元上涨至 266 美元的峰值，随后跌至 50 美元左右。

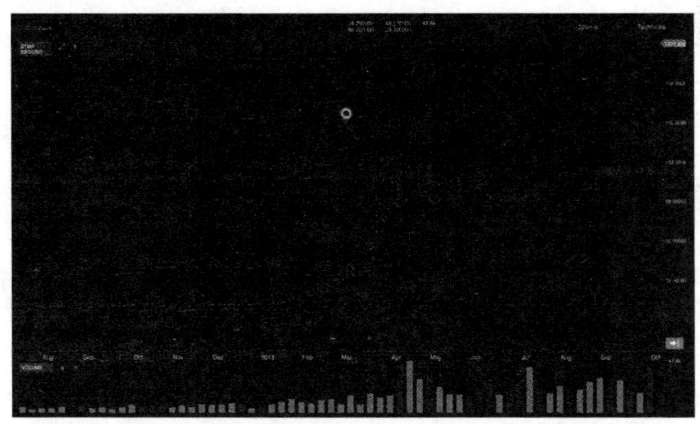

2013 年年初：每个比特币的价格上涨至 266 美元，崩盘了 80%，那又是疯了！

关于这次暴涨暴跌一个普遍的说法是塞浦路斯的人们正在疯狂购买比特币。当时，塞浦路斯发生了银行财务危机。很多银行账户被冻结，ATM 机是空的，塞浦路斯甚至通过向投资者征税为银行债务买单。还有另一个说法是，一些大型机构基金正在购买比特币并建立比特币头寸。我不确定这些说法是不是能真正影响比特币的价格，但市场上有人相信这个故事。

这个泡沫看起来很小，因为按照今天的价格来看，当时的比特币价格还很低。但是下跌 80% 就是下跌 80%，对市场上的投资者来说，压力一样巨大。

时光继续倒流，再看看 2011 年 6 月的泡沫。

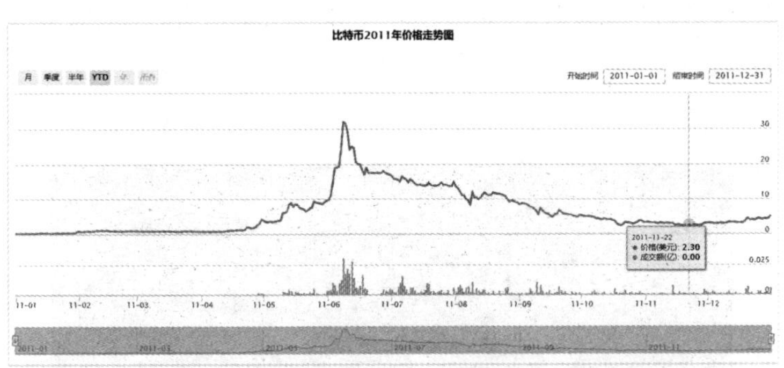

2011 年：每个比特币的价格约为 31 美元，崩盘了 80%，那真是太疯狂了！

专注于科技的网络杂志《连线》和 Gawker 上发表的文章引起了人们对比特币的兴趣，从而将价格从约 3 美元推高至约 31 美元。

在接下来的 6 个月中，价格缓慢跌至 5 美元以下，跌幅超过 80%。

比特币第一个泡沫发生在 2010 年 7 月。

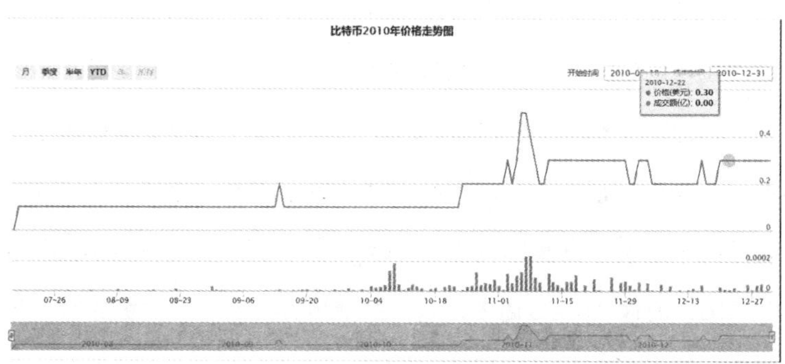

2010 年：每个比特币的价格为 0.09 美元，崩盘了 40%，即使那样也很疯狂！

在当时流行的技术杂志 *Slashdot140*① 上发表的有关新版本比特币软件的文章，引起了人们的兴趣，将比特币的市场价格从每比特币不到 1 美分提高到将近 10 美分。然后价格下跌了 40%，并在几个月内以每比特币约 6 美分的价格横盘整理，然后再次上涨。

储存比特币

你可能听说比特币是储存在钱包中的。如果你复制该钱包，那

① https：//slashdot.org/story/10/07/11/1747245/bitcoin-releases-version-03.

么你拥有的比特币数量将是原来的两倍（显然这是不可能的）。所以比特币并不是存储在钱包中，那么比特币存储在哪里?

其实，正如我们所了解的，比特币的所有权记录在比特币区块链上，该数据库在全球超过 10000 台计算机上进行了复制，并且包含自创建以来的每笔比特币交易。因此，你可以查看该数据库，然后看到与特定地址具关联的特定数量的比特币。例如，区块链将存储以下事实：地址 1Jco97X5FbCkev7ksVDpRtjNNi4zX6Wy4r 收到 0.5BTC，而这 0.5BTC 尚未发送至其他地方。比特币区块链不存储账户余额（它不是账号列表和相应的 BTC 余额列表），而是存储交易。因此，要获取任何账户的余额，需要查看该账户进行的所有入站和出站交易。

比特币钱包存储私钥（不是比特币），该软件使钱包用户可以轻松查看他们控制着多少个比特币并可以用来进行付款。如果克隆了钱包，那么你只是克隆私钥，而不是将比特币翻倍。

软件钱包

比特币钱包至少可以实现下列功能：

- 创建新的比特币地址并存储对应的私钥。
- 将你的地址展示给要给你付款的人。
- 显示你的地址中有多少个比特币。
- 进行比特币付款。

让我们一一探索这些功能。

创建地址

创建新的比特币地址是一项离线操作，涉及创建公钥和私钥对。如果愿意，你可以使用骰子[①]进行此操作。这与其他任何账户的创建过程都不同，在其他账户的创建过程中，必须有第三方为你创建一个账户，例如，要求你的银行或 Facebook 为你分配一个账户。

• 步骤 1：生成一些随机数，并使用它来选择 1 到 2256–1 之间的数字。这是你的私钥。

• 步骤 2：对其进行一些数学运算以生成公钥。

• 步骤 3：将你的公钥，创建两次的比特币地址。

• 步骤 4：保存私钥及其对应的地址[②]。

因此，你可以为自己分配一个地址，而无需询问或与任何人确认是否已使用该地址。这听起来很吓人。如果其他人已经选择了你的私钥怎么办？答案是，这种可能性很小。2256–1 是个 78 位数的大数字。你在英国中彩票的机会是 13983816 分之 1，只有 8 位数。在天文上，78 位数也很大。理论上某人每秒可以故意生成数百万个或数十亿个账户，并一一检查它们从而来偷取比特币。有效账户的

① William Swanson 在他的日志中有一篇指导性文章 https：//www.swansontec.com/bitcoin–dice.html。

② 建议首先使用一个难忘的密码并对其进行加密。

数量如此庞大，以至于几乎不可能找到一个以前使用过的账户。但是，实际上，这也存在弱点，主要是利用随机数生成私钥时的缺陷。如果在生成私钥时随机性存在缺陷，则可以利用此缺陷来减少小偷的工作量[①]。

地址展示

当有人想向你发送比特币时，你需要告诉他你的比特币地址，就像告诉他你的银行账户以便他可以汇款给你。有几种方法可以做这个，现在比较流行的方式是将其显示为 QR 码（二维码的一种）。

示例：比特币地址：1LfSBaySpe6UBw4NoH9VLSGmnPvujmhFXV。

QR 码不是魔术。它们只是以可视方式进行编码的文本，QR 码扫描仪可以轻松读取代码并将其转换回文本。

另一种方法就是复制并粘贴地址：

① 打个比方，如果你使用的不规则骰子总是落在 5 或 6 上，那么小偷更容易匹配掷骰。

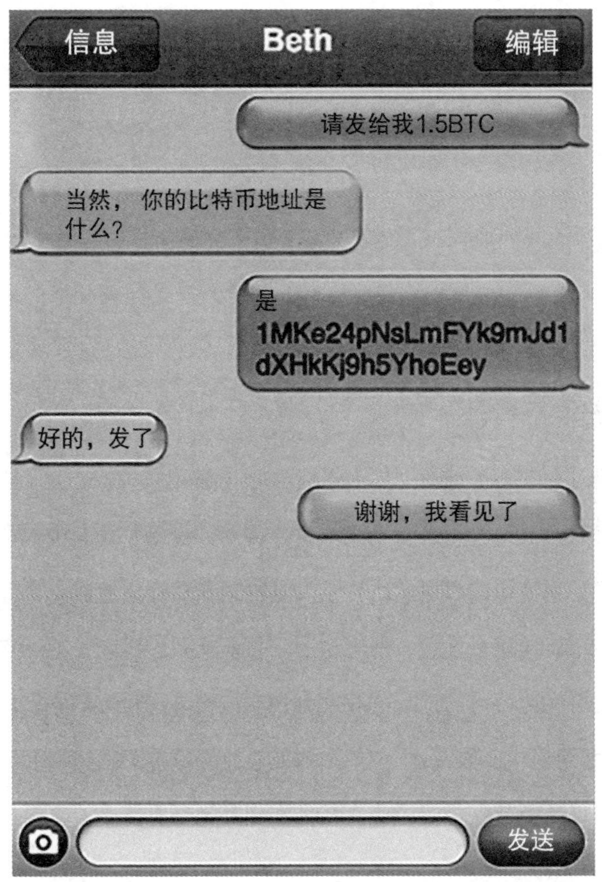

账户余额

钱包需要访问最新版本的区块链，以了解所有进出其所保存的地址的交易。钱包软件可以通过存储整个区块链并保持其更新（这种钱包称为全节点钱包）或通过连接到执行重要任务的其他节点（称为轻量级钱包）来实现此目的。

一个全节点钱包将包含超过 100GB 的数据，并且需要通过 Internet 持续连接到其他比特币节点。因此，在许多情况下，尤其是在手机上，这是不切实际的，因此钱包软件一般是轻量级的，可以连接到托管区块链的服务器，而手机上的钱包软件会询问服务器。

“地址 x 的余额是多少”和“请给我所有与地址 y 相关的交易”。

比特币付款

除了读取账户余额外，钱包还需要能够用来付款。为了进行比特币付款，钱包会生成一系列数据，称为“交易”，其中包含对将要花费的比特币的引用（由先前交易的未花费输出组成），并且这些比特币将被用于发送（新输出）。在前文我们讲到了这一点。然后使用持有比特币的地址的相关私钥对该交易进行数字签名。签名后，交易将通过其服务器节点（如果是轻量级钱包）发送到相邻节点，或者如果是全节点的钱包则直接发送到其他所有节点。交易最终打包到将其加入区块的矿工那里。

其他功能

好的钱包软件具有更多功能，包括将私钥（用密码加密）备份到用户的硬盘驱动器云存储服务器，生成用于隐私的一次性使用地址，以及保存多种加密货币的密钥和地址。有些钱包软件甚至与交易所集成在一起，以允许用户直接在钱包软件内部将一种加密货币与另一种加密货币进行兑换。

通常，钱包可以让你拆分密钥或设置需要多个数字签名才能使用的地址。

你可以将私钥分成几个部分，这样一来，如果要创建原始秘钥，需要其中的一些部分。这是一个称为“分片”或“拆分”私钥的过程。一个常见的示例是三分之二的分片，其中私钥被分为3个部分，其中任意2个可以组合以重新生成原始密钥。同样，你可以具有四分之二或四分之三或零件和总分片的任意组合。一种实现此目的的方法是使用Shamir密钥共享算法[①]。这样一来，你就可以拆分密钥并将各部分分别存储在不同的位置。如果丢失一个或多个密钥，可能不会造成灾难性的后果。

你也可以创建需要多个数字签名才能进行付款的地址。这些地址被称为“多重签名”地址[②]。同样，你可以拥有3选1、3选2、3选3或n选n。这具有与分拆单个私钥相似的效果，但是具有更

---

① 理解三分之二拆分的一种简单方法是考虑图形上的一条直线。假设直线与x轴交叉的点是私钥。你可以选择线上的任意3个点。任何一点都不会给你任何有关线与x轴相交的信息，但是任何两点都会锁定这条直线并准确告诉你与x轴相交的位置。

② 从技术上讲，这些是“P2SH”或“向脚本哈希付款”地址，但大多数人将其称为“多重签名”地址。这些地址以数字“3”开头，而不是数字“1”。

高的安全性。这样，你就可以创建交易，进行签名，将其以明文形式通过 Internet 发送，并允许其他人在该交易被视为有效交易之前进行签名（另一方面，密钥拆分只会产生一个签名）。这些地址使你可以创建需要多个人签名或批准的交易系统，例如一些需要两个签名的公司支票。

软件钱包举例

一些流行的比特币软件钱包：

•Blockchain.info.

•Electrum.

•Jaxx.

•Bread Wallet.

请注意，我并不是为它们背书。还有其他可用的钱包。它们可能有错误，因此在选择钱包之前，你必须进行自己的研究。大多数钱包软件都是开源的，因此在使用它们之前，你可以调查代码，查看代码中有没有漏洞。

硬件钱包

有时，比特币钱包可以包含硬件组件。私钥存储在小型手持设备上的芯片中。两种流行的硬件钱包称为“Trezor”（硬件保险库）和“Ledger Nano”（纳米分类账），还有其他硬件钱包。

硬件保鲜库

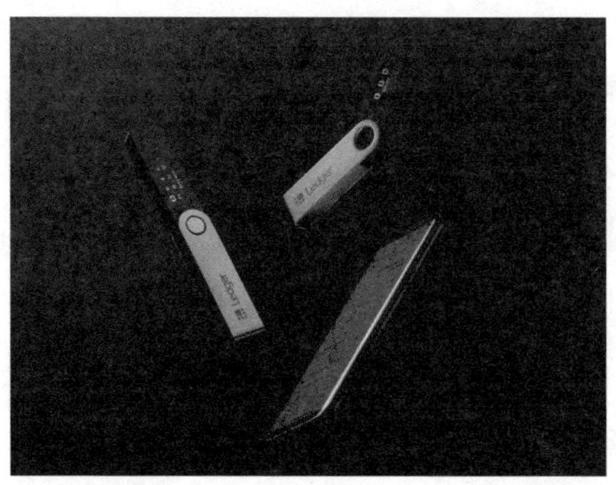

纳米分类账

这些设备专门用于安全存储私钥，并且仅响应某些预先编程的请求，例如，“请签署此交易”。由于私钥存储在未连接到

Internet 的硬件上，并且只能通过有限的一组预编程接口与外界通信，因此，黑客更难获得对私钥的访问权限。

用户界面在在线计算机上显示。当涉及交易的关键部分（签名）时，未签名的交易将发送到硬件钱包，硬件钱包将返回已签名的交易而不会泄露私钥。

硬件钱包比纯软件钱包更安全，但任何东西都存在缺陷。

在硬件钱包广泛普及之前，“冷存储”一词在 2013 — 2017 年流行。请记住，你不存储比特币，而是存储私钥。“冷存储”会在离线介质（例如纸或未连接到互联网的计算机）上记录这些私钥。由于私钥只是字符串，例如：KyVR7Y8xManWXf5hBj9s1iFD56E8ds2Em71vxvN-73zh T99AN YCxf。因此有很多存储它们的方法。如果你有良好的记忆力，你可以记住钥匙，可以将它们打印在纸上，甚至可以将它们雕刻在你戴的戒指上，就像《连线》杂志[①]上查理·史瑞姆（Charlie Shrem）所做的那样。你可以将它们存储在脱机计算机上，为了提高安全性，该计算机不应具有调制解调器或网卡。你可以将它们写下来，然后放入银行的带锁存款箱中。这些都是离线存储私钥的方法。

如果你确实将私钥保留在设备上或打印出来，且不希望其他人能够看到它并使用它来窃取你的比特币。那么，提高安全性的一种方法是，首先使用你可以记住的密码对私钥进行加密，然后存储或

---

① https：//www.wired.com/2013/03/Bitcoin-ring/.

打印出加密结果（密码短语比私钥更容易记住）。这意味着，即使有人拿到了这个设备，他们也需要使用你的密码对其进行解密，然后才能知道私钥。你可以拆分密钥或使用多个签名地址来提高安全性。这意味着如果一个小偷找到了一部分，但是没有另一部分就没有用，也意味着如果丢失了一部分，另外两部分仍然可以工作。请记住，你正在尝试同时防范两件事：钥匙丢失和钥匙被盗。

热钱包

热钱包是无需手动干预即可签署和广播交易的钱包。我们将在后文讲到，控制许多比特币的交易所需要管理大量的比特币付款。它们通常有一个“热钱包”，控制着它们总比特币的一小部分。交易所的客户喜欢通过点击从交易所中提取比特币，导致自动流程运行以进行并签署比特币交易，从而将比特币从交易所的热钱包转移到用户的个人钱包。这意味着属于某个交易所的私钥必须存储在连接到互联网的“热”机上。安全性和便利性之间需要权衡。在线机器比离线机器更容易被黑客入侵，但是可以自动化创建和广播比特币交易的过程。基于这种权衡，交易所仅将一小部分 BTC 保存在热钱包中，足以满足客户的需求，类似于银行在分行的柜员柜中保留少量现金。

比特币买卖

你可以从任何拥有比特币的人那里购买比特币，同样你也可以将所拥有的比特币卖给任何想要的人。幸运的是，在很多地方都有那么一群人，他们愿意以市场价格进行比特币交易，这个地方就是比特币交易所。

交易所

跟证券交易所一样，比特币或加密货币交易所（通常是网站）能够吸引到形形色色的交易人员。然而，你不是直接从交易所购买比特币。就像在证券交易所，你是在里面从另外一个用户手中购买股票，而不是从交易所购买。加密货币交易所正是一个可以允许用户互相交易的网站。它只是将买家与卖家聚集起来，大家选择去这个地方是因为他们知道能够在这里以最理想的价格得到自己想要的东西。

用金融术语来说，交易所是一个订单匹配引擎。它将买方与卖方互相匹配。同时，交易所还扮演着中央结算方的角色。所有进行匹配的交易看起来似乎都是与交易所直接交易的，而非用户之间直接交易，这样可以帮助用户保持匿名。最后，交易所还是现金和资产的保管人。它掌控着客户在其银行账户中的法定货币以及钱包中的加密货币。

加密货币交易所如何运作

交易所位于不同的国家和地区，也支持着不同的法定货币和加密货币。它们基本上有以下四个功能：

1. 创建账户；

2. 充值；

3. 交易；

4. 提现。

创建账户

就像在银行一样，要使用交易所，你首先需要开设一个账户。由于交易所要处理大量的金钱，因此也受到极其严格的监管。顶级加密货币交易所每天要匹配数十亿美元的交易额。最合法的交易所遵循着与银行类似的开户程序，新客户需提交详细的身份信息和证明，例如护照和物业账单[①]。所需提交的文件可能会与你计划交易的法定货币或加密货币的价值呈正相关。交易所属于大型商业机构，因此对这些过程把控得十分严格。

① 我发现使用某些加密货币交易所开户的用户体验要比传统银行更好。

当你提交完交易所需要的文件后，就能够创建账户。然后你可以登录，进入下一个步骤——充值。

充值

在你在交易所进行买卖之前都需要为你的账户充值。这就像在购买传统金融资产之前需要向传统经纪人账户充值一样。

交易所拥有银行账户和加密货币钱包。要为你的账户充值，请点击“转入”，然后按照说明进行操作。如果你要用法定货币为账户充值（大概是为了购买加密货币），交易所将展示一个银行账户让你将法定货币转入其中。如果你要使用加密货币来进行充值（大概是要兑换法定货币或购买其他加密货币），则交易所将展示一个加密货币地址供你将加密货币转移到其中。

当交易所检测到转入其银行账户或加密货币地址的货币后，余额将显示在你在交易所网站上的“账户余额”中，然后你就可以进行交易了。

交易

你现在就可以用充值的金额进行交易了。例如，如果你存入了10000 美元，则你最多可以购买价值 10000 美元的加密货币。如果你存入了 3BTC，那么你最多可以卖出 3BTC 来兑换法定货币或其他该交易所可用的加密货币。

价格的表示方法都是成对的，比如：BTC / USD 或 BTC / USD，然后带有一个 8000 的数字。读数的方式便是："一个 BTC 的价格为 8000 美元。"不是所有货币都可以互相交易兑换——实际上取决于交易所支持哪些交易对手。例如你可能会将 BTC / USD 和 BTC / EUR 视为交易对手，这意味着你可以用美元或者欧元交易 BTC，但如果你没有看到 EUR / USD，则无法直接用欧元交易美元。在这种情况下，要将美元转换为欧元，你需要出售美元来购买 BTC，然后再使用 BTC 购买欧元。

你将看到其他人的报价和出价。这些是他们愿意进行交易的价格，以及在该价格愿意交易的数额。你可以决定去匹配他们的价格，这样就会达成交易，或按自己的价格进行提交，这样的话你的订单将保留在交易账本中，直到有人匹配到你的价格（如果有人愿意的话）然后达成交易。

这是一个金融市场——因而也意味着，你想要买或卖的比特币的数量越大，价格就会越高或越低。这不同于超市，在超市你如果购买的数量很大，则可以享受折扣。对于某些人来说可能会有些困惑，但是也很容易解释。当你在交易所买入时，交易所会自动为你匹配最低的价格。当你将对方的卖出全部买入时，你必须找到下一个最优惠的价格，这样价格会比第一次买入稍高一些。卖出也是同样的逻辑：当你进行卖出时，交易所将为你匹配愿意为此付出最高价格的人。当你向他们卖出他们所有要买入的数量后，你将必须转到下一个最高价格，但是会略低于第一个最高价。

这是一个有代表性的交易所 Bitfinex 的一个屏幕截图示例。

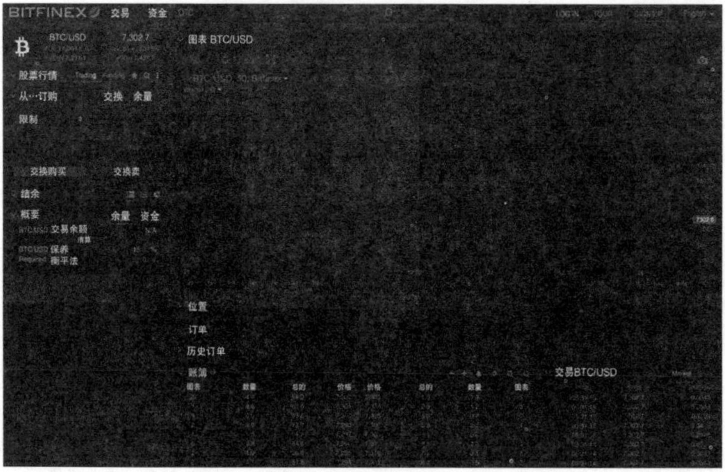

左侧是有关你每种货币的余额信息（此处未显示，因为这只是演示账户）。屏幕的主要部分显示的是价格和数量图表——比特币的价格和进行交易的比特币数量。底部三分之一显示的是你的未结束交易，也就是你尚未匹配的订单以及整个交易账本，即每个人买卖比特币的订单及其数量和价格水平。行情显示在右下角，主要是实时播报交易匹配的价格和数量。

提现

最后，你需要提取法定货币或加密货币。为此，你必须给交易所发出指令，告诉它们你想提现到什么地方。如果要提现法定货币，则你需要告诉交易所你的银行账户详细信息，让它们转账给你。如果要提取加密货币，你需要告诉交易所加密货币地址，以便它们进行加密货币转账。通常加密货币的提现要快于法定货币，因为大多数交易所都有“热钱包”，如前文所述，它可以自动将小额的加密货币发给用户。

交易所如何赚钱

交易所通过收取佣金来赚钱，就像你的股票经纪人一样。不同的交易所以不同的方式收取不同的费用。一些收取提现费（例如，如果你要提现 10000 美元，那么他们可能会给你 9950 美元，你会因为银行手续费而收到比你实际提现金额要少一些的钱）。还有一些交易所通过按比例收取你每次交易的一小部分数额，通常它们会减少你收到的任何款项。例如，如果你的外汇账户中有 8000 美元，然后用它以每枚 BTC 8000 美元的价格购买 BTC，那么你实际就得不到 1BTC，可能只有 0.995 BTC。交易费用通常取决于你进行的数量，如果你交易额更多，手续费率会根据一个费用表递减。

不同交易所的定价

加密货币交易中任何资产的价格取决于用户所使用的交易所。不同的交易所兑换每种加密货币的价格可能会不同，因为使用交易所的用户不同，而这些交易所的供需水平也不同。通常情况下，价格会彼此相差几个百分点。如果相差太大的话，套利者将会介入，然后从便宜的地方买入，再在价格高的地方套现。

套利者将会持续这样下去，直到价格最终趋于相同。要完成一个成功的套利循环，你需要不断转移法定货币，有时也存在时间成本。要在较为廉价的交易所购买比特币，你需要将法定货币转移到那里购买比特币，再提取并将它们转移到价格更高的交易所，最后卖出提现。如此循环往复。每一步有财务费用，而且可能会存在延时。一些国家有货币管制政策，这阻碍了跨境交易套现。这就是为什么有时候交易所之间的价格存在差异。

在 2013 年至 2014 年年底，Mt Gox 交易所比特币的价格相对其竞争对手 Bitstamp 明显溢价，因为人们发现他们无法从 Mt Gox 提现法定货币，所以他们不得不在购买比特币后对比特币提现。这创造了 Mt Gox 上对比特币的需求，以及人们会在 Bitstamp 上购买便宜的比特币进行套利的动机。然而他们却无法在 Mt Gox 上卖出，因为无法在 Mt Gox 上提现法定货币。

监管

加密货币交易的工作可能在其业务司法范围内受到监管。事实上使用加密货币并不意味着交易所可以逃脱当地交易与税收披露的责任。但是，这也取决于法律是如何规定的。再加上由于监管的不确定性与加密货币的领域归属，目前正在运营的交易所处于一种法律的灰色地带，尤其那些仅允许加密货币之间进行交易，不允许加密货币与法定货币进行交易的交易所。

场外交易（OTC）经纪人

当你在交易所买入时，你是从交易所的另一个客户那里，以双方都同意的价格和数量进行交易。交易所仅在交易行为范围内进行交易托管代理，为你的资金和他人的比特币提供托管服务，直到双方的资产互换。每笔交易都向所有的用户进行展示，订单簿会根据实时交易情况进行变化。但是大型交易者可能希望避免交易所交易过于透明，有时候某些人希望进行大宗交易但不希望其他用户或市场察觉。

当你进入经纪人界面，界面上会显示与你建立关系的人或公司。经纪人可以直接与你商讨价格，然后在“区块交易”中进行交易，而不需要像交易所那样将交易展示在订单簿上面。交易详情不会对外公布。这属于大宗或私下交易，而且并不违反任何法规——这在传统金融市场中也同样存在。合法的经纪人也会通过申请KYC流程来进行身份识别，并且可能也会受到当地信息披露法规的约束。

当你与经纪人交易时，有两种模式：经纪人可以作为交易的主体或者代理人。当经纪人作为交易主体时，仅仅是你与经纪人之间的交易。经纪人是你交易的另一方。你告诉他们你想做什么（买或卖）以及交易数量，他们会根据你的要求提出报价，你可以选择同意或者不同意。这就像大型批发贸易，经纪人需要有足够的钱或加密货币才能完成交易。用会计术语来说，交易是在经纪人的资产负债表中进行，因为经纪人本身正在与你交易。例如，当你在机场的兑换台购买外币时就是这种情况。

当经纪人充当代理人时，交易就在你和与经纪人有联系的其他人之间发生。经纪人充当中介人，为双方提供匿名服务。在会计术语中，这不在经纪人的资产负债表中——这不是他们的钱，他们只是匹配买卖双方。通常，这种方式是你联系经纪人并告诉他们你想做什么，然后经纪人会为你寻找一个与你需求相匹配的客户。经纪人将向双方传达价格和数量信息，直到达成协议。经纪人会向双方或者其中的一方收取一定的服务费。

由于大量的人力消耗和微薄的利润，经纪人通常会有最低的交易量，低于这一数额，他们不会接手。这一数额通常在每笔交易10000 美元到 100000 美元，现在随着市场的发展也在逐步增加。

中本聪是谁

现在我们来问一个问题，中本聪是谁？这为什么很重要？

中本聪是《比特币白皮书》的作者，并活跃在密码朋克邮件列表中。在这个列表里，一群志趣相投的人聚在一起讨论如何在电子时代保护自己的隐私。在发布最初的白皮书后，中本聪继续活跃在比特币论坛中，直到2013年12月，从大众视野中消失。

中本聪也拥有或控制着大量的比特币，加密货币安全顾问Sergio Lerner[①]在2013年估计他大概拥有100万比特币。如果协议规则不改变的话，这几乎占据了将要创造的共计2100万比特币总数的5%。在2018年，比特币的价格约为每个10000美元，这意味着由中本聪控制的比特币价值为100亿美元。如果中本聪曾经动过任何被认为与他/她有关的比特币，社区会立即发现。交易将在区块链上可见，并且被认为与中本聪相关联的地址也受到了监控。这几乎可以肯定会影响比特币[②]的价格。

---

① https：//bitslog.wordpress.com/2013/04/24/satoshi-s-fortune-a-moreaccurate-figure/.

② 价格会上升还是下降？都可能是。出售比特币的任何迹象都可能引起中本聪不再相信该项目的恐慌，但是相反，如果将比特币发送到比特币无法转移的“烧毁”地址，则会导致比特币市场供不应求，这可能导致信心增强和比特币价格上涨。

中本聪的真实身份很重要，因为如果我们能发现这个人或者说是这群人，他们的观点将会主导比特币的未来。然而，这种中心化的东西也是他们试图避免的。他们也会有着极大的人身安全风险。让全世界的人都知道你有着巨额的财富，特别是加密货币，并不一定是好事。

我们已经看到了许多知名的加密货币所有者公开声明他们已经出售了所有加密货币。2018 年 1 月，Litecoin（LTC）的创始人 Charlee Lee 公开表示他已经出售与捐赠了其所持有的全部 LTC①。苹果公司联合创始人史蒂夫·沃兹尼亚克（Steve Wozniak）也表示他已经卖掉了所有的②比特币。尽管各自有各自的原因，但我认为不想让很多人知道自己持有大量高价值的加密货币也是原因之一。我曾与幸运的比特币持有者有过一些对话，他们正是因为这个原因而不愿意透露自己在加密货币方面的财富。

在揭示中本聪身份方面已经有了一些比较引人注目的尝试。这在行业中被称为"人肉搜索"：揭露一位网络上使用昵称的人在真实世界的身份。然而，关于中本聪的真实身份不太可能在这些人肉搜索中。

---

① https：//www.reddit.com/r/litecoin/comments/7kzw6q/litecoin_price_tweets_and_conflict_of_interest/.

② http：//nordic.businessinsider.com/steve-wozniak-stockholm-apple-sethgodin-nordic-business-forum--/.

2014 年 3 月 14 日，《新闻周刊》的封面文章中声称中本聪是一位居住在加利福尼亚的 64 岁的日本人，名叫 Dorian Nakamoto（出生名 Satoshi Nakamoto）。

这篇文章给出了“中本聪”居住的地址，包括他房屋的照片。这导致中本聪和他的家人在接下来几周受到了严重的骚扰。当然，这并不是真正的中本聪。想想一位热爱隐私的匿名数字货币革命性的创造者会使用自己的真名实在不太可能。去找出他的家庭住址是不道德的。尽管如此，记者也表示在尽了最大努力后，这个“中本聪”在经历一段时间的沮丧后，现在开始变得享受自己被人当成“中本聪”这一传奇人物了。

2015年12月，《连线》杂志[①]中的一篇文章指出澳大利亚计算机科学家Craig Wright博士可能是比特币背后的策划者。2016年3月，在接受GQ杂志153[②]、BBC[③]和《经济学人》杂志[④]的采访时，克雷格（Craig）声称自己就是中本聪团队的领导者。他还在自己的博文中证实了此事，虽然这些博文现在已经下线了。克雷格说自己并不想公布这一真相，但迫于外界的压力不得不这么做。2016年6月,《伦敦评论》发表了一篇长文[⑤],其中记者安德鲁·奥哈根(Andrew O' Hagan）花了很长时间来介绍克雷格·赖特（Craig Wright）。这很值得我们全面阅读，其中我最喜欢的部分是：

几周后，我在赖特（Wright）于伦敦租的厨房里喝茶，然后在桌子上发现一本名为《德川愿景》的日本图书。

那时我已经做了一些准备，非常热衷于了解关于这个名字的事情。

“所以那（日本图书）是你说你想到中本聪这一名字的地方？”

---

① https：//www.wired.com/2015/12/Bitcoins-creator-satoshi-nakamoto-isprobably-this-unknown-australian-genius/.

② http：//www.gq-magazine.co.uk/article/Bitcoin-craig-wright.

③ http：//www.bbc.com/news/technology-36168863.

④ https：//www.economist.com/news/briefings/21698061-craig-stevenwright-claims-be-satoshi-nakamoto-Bitcoin.

⑤ http：//www.lrb.co.uk/v38/n13/andrew-ohagan/the-satoshi-affair.

我问，“来自18世纪的偶像破坏者，他批评了所有他那个时代的信念？”

“是。”

“那中本聪呢？”

他说：“它的意思是Ash（‘灰烬’）。中本聪的哲学体系是中立的贸易中心路线。我们当前的体系需要被推倒与重建。这就是加密货币要做的事情。它是涅槃的凤凰！”

“所以，中本聪是凤凰浴火重生的灰烬……”

“是。而且Ash也是神奇宝贝中一个呆萌的角色。那个拥有皮卡丘的家伙。”赖特笑了，“在日本Ash的意思就是Satoshi。”他说。

“因此，基本上，你是根据皮卡丘伙伴的名字命名比特币之父的？”

“是的，”他说，“这会让某些人不高兴。”

他经常说这话，好像让人不高兴是一门艺术。

很遗憾，赖特博士在镜头前后提供的证据并不能说明他是中本聪，赖特博士到底是不是中本聪在社区依然是一个非常有争议的话题。

另外一些可能是中本聪的人包括密码朋克和PGP开发者Hal Finney，智能合约和Bit god发明者尼克·萨博（Nick Szabo），密码学家和B-money的创建者，密码学者和B-money创造者Wei Dai、E-donkey、Mt Gox以及Stellar创造者Jed McCaleb以及Dave

Kleiman。Coindesk 对可能是中本聪的人有着更全面的名单[①]。

我认为中本聪不是一个人，而是一群有着相似政见并且希望保持匿名的人的笔名。克雷格·赖特（Craig Wright）也许是这个团队中的一员。团队中甚至彼此都可能不知道自己在真实世界中的身份。一些团队成员可能自比特币普及以来已经死亡。等到 2020 年可以对锁定在“郁金香信托”（Tulip Trust）中的大约 100 万个 BTC 进行合法追溯时，我们也许会得到其他线索。郁金香信托是一个信托基金，据推测是由中本聪的合伙人 Dave Kleiman 创建的。其中可能包含中本聪所拥有的早期比特币。

如果你想做一些调查，请留意有些人可能已经遗忘的一些事情：数字签名能够证明对私钥的占有和使用，但是私钥可以在多个人之间共享。那么你无法保证私钥到个人的映射。私钥也可能会被丢失。邮件地址可以共享。

白皮书可以协作编写，因此语法上的线索只能揭示编辑的习惯而不一定是作者。很难将某个个体的身份与白皮书的作者相关联。

当然，从某个角度来说或许找不到中本聪才是最好的。

---

① https：//www.coindesk.com/information/who-is-satoshi-nakamoto/.

什么是以太坊

以太坊的愿景是创造一个持续运行的，抗审查、自我维持的去中心化世界计算机。为了实现这一目标，以太坊建立在我们熟知的比特币区块链的概念之上。如果说比特币区块链实现了去信任化验证和分布式存储数据（交易），以太坊就是在比特币区块链的基础上加上了数据和逻辑运算。

以太坊公共区块链运行在15000台电脑[①]上，其代币称为以太币，是当前第二受欢迎的加密货币。和比特币一样，以太坊也是一堆代码写成的协议，然后在以太坊软件上运行，该软件创建以太坊交易，并在以太坊区块链上记录有关以太币（ETH）的交易数据。与比特币区块链不同的是，以太坊上的节点能够验证和处理的事务远不只处理简单的支付数据。

以太坊上可以创建智能合约——一些存储在以太坊所有节点上的通用逻辑。智能合约可以通过支付以太币来执行。这有点像自动点唱机，投入硬币就可以播放音乐。执行智能合约时，所有以太坊节点运行代码并更新其分布式账本。参与者通过一种称为“以太坊虚拟机”的系统进行操作以执行这些交易和智能合约。

---

① https：//www.ethernodes.org/network/12018 年 4 月。

登录 etherscan.io 网站可以查询以太坊的区块链信息。与比特币一样，以太坊也存在分叉，例如以太坊经典，就是一个分叉的公共区块链。每个分叉有一个单独的加密货币（以太坊的代币是 ETH，而以太坊经典的代币是 ETC）。以太坊分叉链与以太坊本身共享着共同的历史数据，从某个时间点以后开始有所不同（分叉详述见后文）。

以太坊的代码也可以在私有网络中运行，创建一个少数人参与的新区块链。

如何运行以太坊

下载以太坊客户端的软件即可加入以太坊网络，有耐心的话也可以自己编写。与 BitTorrent 或比特币区块链类似，以太坊客户端通过互联网把运行类似客户端软件的用户连接起来，用户可以从中下载以太坊区块链，更新到最新状态。它还会独立验证每个区块是否符合以太坊协议规则。

以太坊客户端软件有何作用？你可以使用它来：

- 连接以太坊网络。
- 验证交易和区块。
- 创建新交易和智能合约。
- 运行智能合约。
- 挖掘新区块。

运行以太坊虚拟机时，电脑会成为网络中的一个“节点”并且与其他节点保持一致。在点对点网络中，没有“主”服务器，每台计算机都有相同的权力。

以太坊与比特币有何相似之处？

以太坊具有原生的加密货币

以太坊的代币称为以太币，简称为ETH。和BTC一样，ETH可以与其他加密货币或主权货币进行交易，以太坊区块链会记录ETH数据。

以太坊会形成区块链

像比特币一样，以太坊也会形成包含数据区块（纯ETH交易数据以及智能合约）的区块链。这些区块由某些参与者开采出来，然后分发给其他参与者去验证。登录etherscan.io可探索以太坊区块链更多信息。

像比特币一样，以太坊区块形成一条链时也需要引用上一个区块的哈希值。

以太坊是无需许可的开放式网络

像比特币一样，以太坊的主网是开放且无需许可的。任何人都可以下载或编写软件连接到网络，无需登录或注册，即可开始创建交易和智能合约，验证交易，以及挖掘区块。

人们在谈论以太坊时，通常是指这个无需许可的开放主网。然而，和比特币一样，用户只需稍稍修改以太坊客户端软件，就可以创建与公共网络相互独立的私有网络。但是，目前私有网络中的代币和智能合约还不能与公共网络中的兼容。

以太坊用工作量证明（PoW）挖矿

像比特币一样，矿工的任务是解决一个复杂的数学问题，以便成功地“挖掘”一个区块，这需要投入大量电力。

以太坊的 PoW 挖矿方法被称为 Ethash，其算法规则与比特币略有不同，即人们用常用的硬件也可以参与挖矿。它的设计降低了 ASIC 专用硬件的效率优势，这种 ASIC 专用硬件常用于比特币的挖矿。通用硬件被拉上竞争舞台，这对矿工来说意味着权力下放。但是实际上以太坊中的大多数区块仍然由一小部分矿工[①]用专用硬件挖出来。

在以太坊的路线图上，有一个叫 Casper 的协议，它能够将以太坊采用工作量证明（PoW）机制的耗电缺点，变为更节能的权益证明（PoS），这个计划会发布在以太坊未来的“宁静”（Serenity）

① https：//www.etherchain.org/charts/topMiners.

版本中。权益证明是一种挖矿协议，用参与者在资金池中的ETH比例来决定出块概率，不像工作量证明，根据硬件的算力决定出块概率。

这会对社区产生怎样的影响呢？对于矿工来说，这会大大减少电力的消耗。他们将不再需要靠比拼电力来赢得区块。另外，有些人认为权益证明不太民主，因为那些已经积累了大量ETH的人将有更高的机会赢得更多区块。因此他们得出的结论是，新的资金将流向富裕方，这会加大以太坊的基尼系数[①]。

"缺乏民主"的说法也存在缺陷。在工作量证明机制中，高资金成本和专业知识意味着实际上只有极少数人可以挖矿赚钱，所以实际上也并不那么民主。而在权益证明中，每个ETH都有相同的机会赢得一个区块，这样哪怕起始资金少也可以开始挖矿。如果将ETH视为利率：钱多的人可以获得更多的利息，但钱少的人至少也能够有利息，而且能减少PoW带来的一些负面影响也是一件值得鼓励的事情。

以太坊与比特币有何不同之处

这也是使得以太坊更技术化更复杂的地方。

① 基尼系数是指国际上通用的、用以衡量一个国家或地区居民收入差距的常用指标。基尼系数最大为"1"，最小等于"0"。基尼系数越接近0表明收入分配越趋向平均分配。基尼系数越接近1表明贫富差异越大。

以太坊使用 EVM 运行智能合约

当用户下载并运行以太坊软件时，它会在用户的计算机上创建并启动一个隔离的虚拟计算机，称为“以太坊虚拟机”（EVM）。EVM 可以处理所有以太坊交易和区块，并跟踪所有的账户余额和智能合约。以太坊网络上的每个节点运行相同的 EVM 并处理相同的数据，它们的视角一致。由于所有运行以太坊的节点都会与 EVM 的状态趋于一致，所以以太坊也被不断复制。

与比特币的原始脚本语言相比，以太坊上可以部署的代码（智能合约）对开发者而言更高级、更友好。稍后我们将更详细地介绍智能合约，现在用户可以将智能合约视为由 EVM 中的所有节点运行的代码。

燃料 gas

在比特币中，你可以向成功开采出区块的矿工支付少量 BTC 作为交易费。这算是对矿工验证区块和打包区块上的交易的补偿。同样，在以太坊中，你可以支付少量 ETH 作为采矿费，奖励那些成功挖到区块的矿工。

以太坊的复杂之处在于其类型繁多的交易。不同交易类型的计算复杂度不一样。例如，一笔 ETH 支付交易比上传或运行智能合约的交易要简单。因此，以太坊引出了“gas”的概念，类似一种价目表，基于不同类型的计算复杂度指示矿工进行不同的操作。操作包括搜索数据、检索数据、计算数据、存储数据并更改数据到其分布式账本。这是一份 ethdocs.org 网站[①]上的价格表，但如果征得社区内大多数人同意，这份价格表也可以修改：

ETH 从一个账户转移到另一个账户的需要 21000gas。上传和运行智能合约根据其复杂性的不同，需要提交不同数量的 gas。在以太坊提交交易时，用户可以指定 gas 价格（每 gas 相当于多少 ETH）和 gas 限额（交易的最大 gas 值）。

采矿费（单位：ETH）=gas 价格（单位：ETH/gas）× 实际使用 gas 数量（单位：gas）

gas 价格

gas 价格是指用户在每个 gas 单位愿意花费的 ETH 数量。与比特币交易费一样，这是一个竞争市场，通常来说，网络越繁忙，大家对 gas 出价就越高。在 gas 需求旺盛的时期，价格就会飙升。

gas 限额

gas 限额就是用户愿意为执行某个操作或确认某项交易支付的最大 gas 量。此限额保护用户避免采矿费用的超支，最高采矿费为

① http：//www.ethdocs.org/en/latest/contracts-and-transactions/account-types-gas-and-transactions.html.

gas 限额乘以 gas 价格。如果用户不小心提交了自认为很简单的复杂交易，gas 限额就会阻止你超额花费。

类比来说：开车 10 千米会消耗一定的油量。如果在到达目的地前油用完了，车子就会停下来。油的价格取决于市场行情，有涨有跌，但油的价格与汽车可行驶的距离无关。以太坊中的 gas 也类似，当用户提交以太坊交易时，指定对此次交易“工作”支出耗费多少 gas（这是 gas 限额），以及准备向矿工支付多少 ETH 每单位 gas（这是 gas 价格）。结果就是用户对此次交易准备支付的 ETH 金额。

矿工将执行交易并向用户收费，所收费用就是 gas 数量乘以指定的 gas 价格。与比特币一样，采矿费由用户决定，但需要记住，这中间存在的交易竞争可能会抬高 gas 价格。

例如，ETH 从一个账户转移到另一个账户的基础交易需要使用 21000gas，因此你可以设置此类交易的 gas 限额为 21000gas 或更高；但只会消耗 21000gas。如果将 gas 限额设置在处理交易所需的 gas 数量之下，交易将失败，你将无法获得退款费用。这就像在旅行中车子没有加够油，油用完了，但却到不了目的地。

ETH 单位

好比 1 美元可以分为 100 美分，1BTC 可以进行拆分。1BTC 拆分为 100000000 Satoshi，以太坊也有专有的单位命名规则。

以太币最小的单位是 Wei，每 ETH 等于 1000000000000000000Wei。还有其他一些单位：Finney、Szabo、Shannon、Lovelace、Babbage 和 Ada，这些命名都来自为加密货币和互联网领域做出突出贡献的伟人。

Wei 和 Ether 是两个最常见的货币面额。wei 通常用于 gas 价格（最常见的 gas 价格是每 2～50Giga－wei，其中 1Gwei=1000000000Wei）。

以太坊单位		
单位	每个ETH的数量	最合适的用途
ETHER(ETH)	1	当前用于计价交易金额（例如20 ETH）和采矿奖励（5 ETH）
finney	1000	
szabo	1 000 111	当前，基本交易成本的最佳单位，例如500 szabo
Gwei	10 000 000 000	目前是天然气价格的最佳单位，例如 22 Gwei
Mwei	1 000 000 000 000	
Kwei	1 000 000 000 000 000	
wei	1 000 000 000 000 000 000	程序员使用的基本不可分割的统一

以太坊的出块时间更短

在以太坊网络中，每个区块之间的出块时间间隔约为 14 秒，而比特币的区块间隔时间约为 10 分钟。这意味着，如果你同时发送了比特币交易和以太坊交易，一般而言，以太坊区块链处理交易的速度远远大于比特币区块链处理交易的速度。我们也可以理解为，比特币网络每 10 分钟写一次数据库，而以太坊网络每 14 秒写一次数据库。以太坊区块链的速度发展是很有意思的，可以在 bitinfocharts.com 上查看。

以太坊的区块时间与比特币区块链相对稳定的区块时间对比。（注意时间轴，其中比特币要早于以太坊）

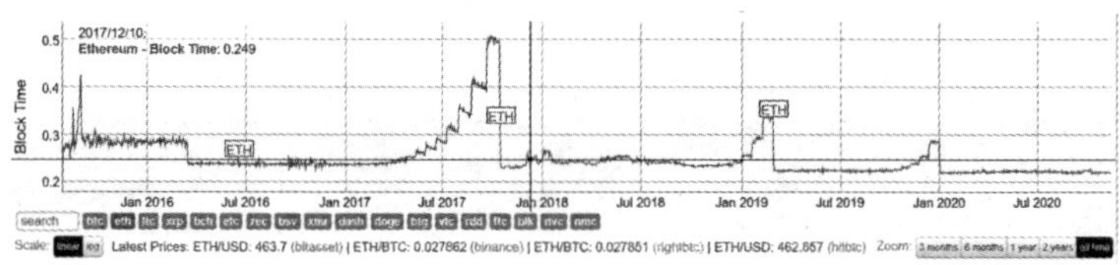

以太坊历史出块时间

资料来源：Bitinfocharts[①]

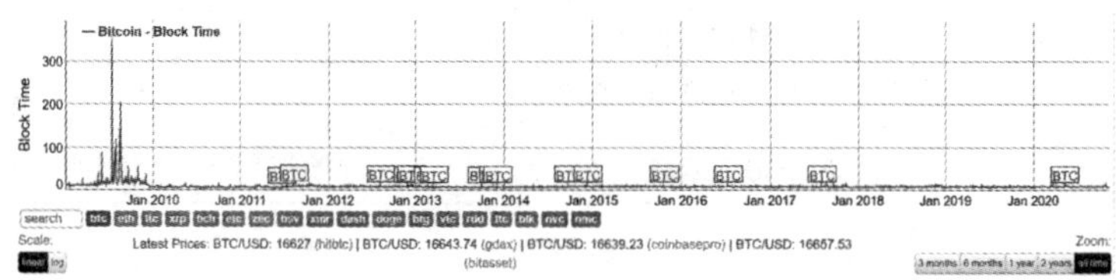

以太坊历史出块时间

资料来源：Bitinfocharts[②]

---

① https：//bitinfocharts.com/comparison/Ethereum-confirmationtime.html.

② https：//bitinfocharts.com/comparison/Bitcoin-confirmationtime.html.

以太坊的区块更小

目前，比特币的区块大小不到1MB，而大多数以太坊区块的大小为15—20kb。但是，将区块的数据大小进行比较是没有意义的：比特币的区块大小的上限以字节为单位衡量，而以太坊则通用衡量智能合约计算复杂度限制区块的大小，这个大小被称为区块gas上限，而且区块gas上限可以根据区块变化。因此，比特币的区块大小受限于数据量，以太坊的区块大小受限于计算的复杂度。

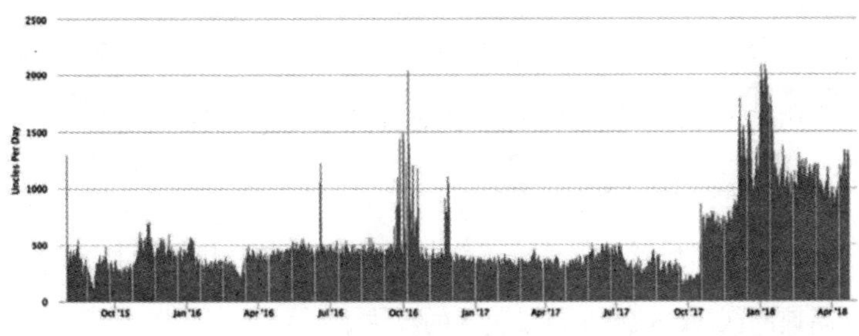

资料来源：Etherscan[①]

目前，以太坊的最大区块约为800万gas。基本交易或ETH跨账户付款（上传或调用一个智能合约），复杂度为21000gas;，可以将大约380种基本交易放入一个区块中（8000000 / 21000）。在比特币中，目前在一个1MB区块中可以处理1500—2000种基本交易。

① https：//etherscan.io/chart/blocksize.

"叔叔"区块：竞争失败的区块

以太坊的区块生成率远高于比特币（以太坊每小时生成250个区块，比特币每小时生成6个区块），区块生成得越快，"区块冲突"的概率就会增加，同一时间，可以生成多个有效区块，但只有其中一个可以进入主链。另一个就会被"遗弃"，即使这些交易在技术上都是有效的，但其中的数据也不会被视为主账本的一部分。

在比特币网络中，这些非主链的块称为"孤块"，它们不是主链的组成部分，也不会被后面的块引用。在以太坊里，这些区块被称为"叔块"。后续区块可以引用"叔块"，但其中的数据也不会派上用场，挖出叔块的矿工仍可以获得稍小一些的区块奖励。

这促成了两个重要结果：

1.这会激励矿工保持挖矿动力，即使挖出的区块不能上主链（因为高速的区块生成率生成了更多的叔块）；

2.承认创建叔块所需的花费还可以提高区块链的安全性。

以叔块结尾的交易会在主链上被重新开采。他们不花费用户的gas，因为叔块上的交易可以当作没有发生过。

账户

在比特币中，人们把储存比特币的地方称为"地址"（address）。在以太坊中，用于储存以太币的叫"账户"（accounts），这两个词在以太坊上是相通的。你可以说：“你以太网的账户地址是什么？”这都无关紧要[①]。

以太坊账户有两种类型：

1. 仅存储 ETH 的账户；

2. 包含智能合约的账户。

仅存储 ETH 的账户类似于比特币的地址，有时也称为“外部账户”。这种账户都会有相应的私钥，私钥持有者可以用私钥来签发该账户的交易。这里有一个存储 ETH 的账户的示例：

ox2d7c76202834a11a99576acf2ca95a7e66928bao[②]。

存有智能合约的账户，只要存适量的 ETH 进去，这些智能合

① 在以太坊区块链的流行网站 https：//etherscan.io/accounts，两者都使用。

② https：//etherscan.io/address/0x2d7c76202834a11a99576acf2ca95a7e66928ba0.

约就会生效。智能合约上传后，其代码就一直保存在以太坊区块链上，等待着被激活使用。

智能合约账户的例子如下：

oxcbe1o6oee68bcofed3coof13d6f11ob7eb6434f6[①]。

以太币的发行

以太币的发行比比特币更为复杂。存在的 ETH 数量为：预挖矿 + 区块奖励 + 叔块奖励。

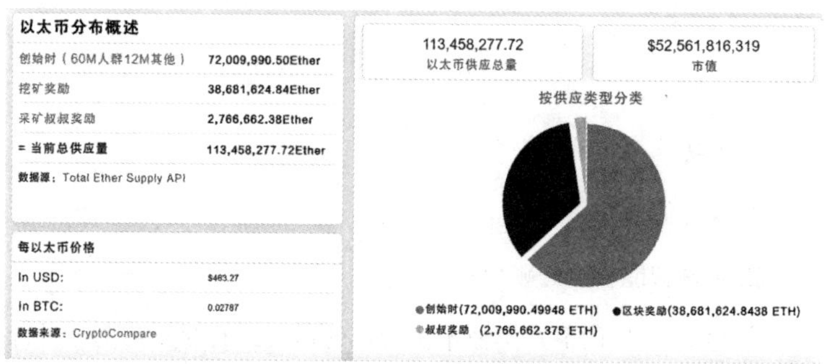

资料来源：Etherscan[②]

---

① https：//etherscan.io/address/0xcbe1060ee68bc0fed3c00f13d6f110b7eb6434f6#code.

② https：//etherscan.io/stat/supply.

预挖矿

在2014年7月和8月的众筹中，ETH的发行数量约为7200万。众筹中产生的ETH被称为“预挖矿”。人们决定众筹之后ETH的发行量将被限制在每年不超过众筹总量的25%。也就是说，除了众筹一次性产生的约7200万ETH外，每年的ETH发行量不超过1800万。

区块奖励

最初，挖出一个新的区块就可以获得5个新的ETH作为区块奖励。由于担心供应过剩，2017年10月，降低为3个ETH，此次协议的更改称为“拜占庭更新”（4370000个区块）。

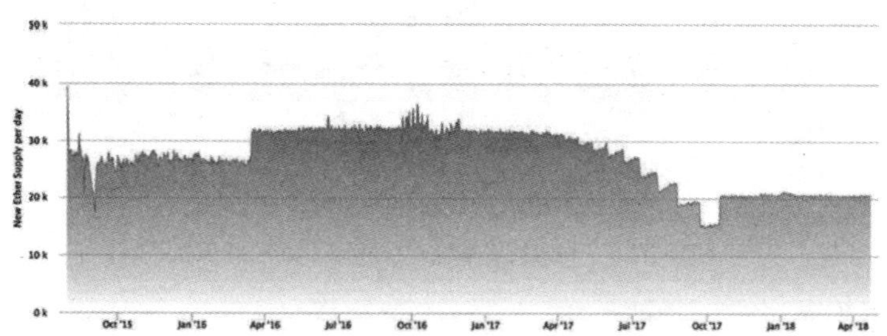

以太坊每日区块奖励表

资料来源：Etherscan[①]

① https：//etherscan.io/chart/ethersupply.

叔块奖励

由于一些区块挖得比较晚，因而没有成为主链的一部分。在比特币网络中，我们把这些挖得稍晚的区块叫“孤块”，是完全抛弃掉的，没有任何奖励。但是在以太坊中，这些区块被称为“叔块”，而且后续区块可以引用这些“叔块”。如果有人引用某个“叔块”，就会给挖出“叔块”的矿工带来一点小小的“叔块奖励”。

叔块奖励曾经是 4.375ETH（相当于 7/8 的正常区块奖励）。拜占庭更新后减少到 0.625 — 2.625ETH。

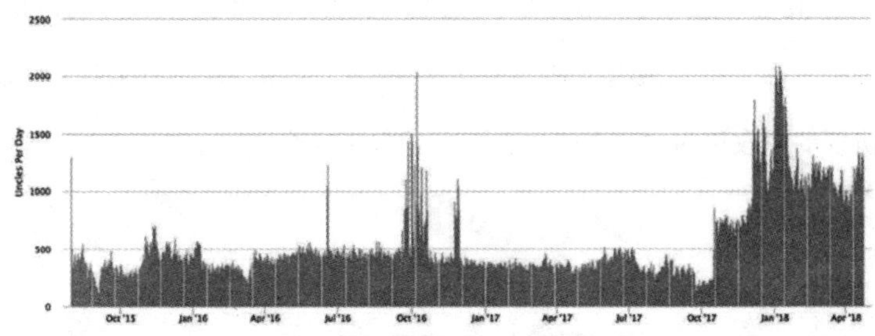

以太坊叔块计数和奖励图表

资料来源：https：//etherscan.io/chart/uncles

ETH 和 BTC 发行最大的不同在于——BTC 大约每 4 年发行量减半一次，并且有计划的上限，而 ETH 的发行量则每年以恒定的数量无限发布。但是像其他任何参数或规则一样，该规则有待商议，如果获得大多数人的同意，也可以改变该规则。

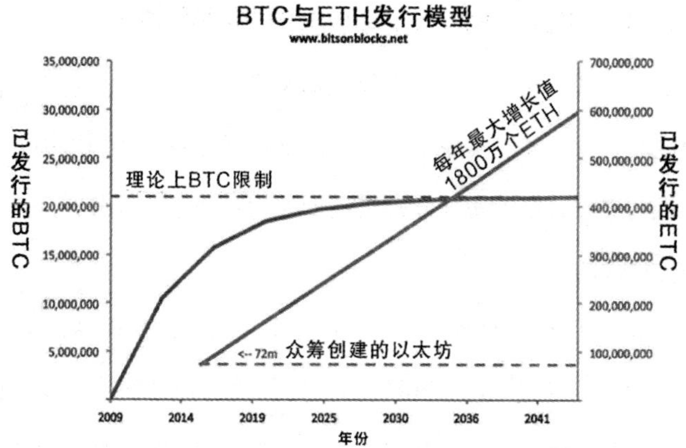

以太币的未来

从工作量证明过渡到权益证明，以太坊社区尚未就发行率的问题达成共识。有人认为以太坊的出币速度应该减小，因为获得的币将不需要用来补贴竞争所用的电量。

挖矿奖励

在比特币中，矿工挖到新的区块获得区块奖励（新的 BTC），再加上区块中的交易费用（现有的 BTC）。在以太坊中，矿工会收到区块奖励和叔块奖励（新的 ETH），再加上区块上的交易和合约的挖矿费用（gas 数量 ×gas 价格）。

以太坊的其他部分：Swarm 和 Whisper

计算机需要能够计算、存储数据及通信交互。以太坊需要高效且稳健的方式，才能实现不停机、抗审查且自我维持的去中心世界计算机的愿景。以太坊虚拟机只是整体的一个组成部分，是进行去中心化计算的原件。

Swarm 是另一个组件。这是点对点的文件共享，类似于 BitTorrent，但通过 ETH 的微支付，文件被分成几块，与参与的志愿者分发和存储。这些存储和服务块的节点将得到那些被存储和待检索数据中的 ETH。

Whisper 是一种加密的消息传递协议，它允许节点以安全的方式彼此直接发送消息，这也隐藏了发送者和接收者的第三层的窥探者。

管治

尽管比特币和以太坊都是开源项目，运行于无需许可的开放式网络。但它们之间最大的区别是，比特币没有活跃确切的领导者，而以太坊有。以太坊的创造者 Vitalik Buterin 具有巨大的影响力，他是意见领袖。尽管他无法做到中止交易以对交易进行审查，但他的愿景和意见对技术的影响很大。例如，他支持硬分叉来追回在 DAO 黑客事件中被盗的资金（后文详述）。他还提议修改协议规则和网络经济。比特币虽然有一些开发人员有点影响力，但还是不如Vitalik之于以太坊。

Nick Tomaino在博客中发表议论说[①]，对于区块链来说，管控治理与发展计算机科学和区块经济一样重要。在去中心化的网络世界中，一个意见领袖的存在是利是弊仍有待商榷。

智能合约

智能合约在不同的区块链平台上代表着不同的事物。以太坊智能合约是存储在以太坊区块链上跨节点复制的小程序，可供任何人检查。执行步骤有以下两点：

1. 上传智能合约到以太坊的区块链；

2. 运行智能合约。

在特殊交易中，用户可以通过向矿工发送节点来上传智能合约。如果交易成功执行，智能合约将存储在以太坊区块链特定的账户上[②]。然后用户可以创建一个“运行地址为x的智能合约”来激活合约。

这是智能合约的基础示例。智能合约会向发起者发行100万

① https：//thecontrol.co/the-governance-of-blockchains-5ba17a4f5da6.

② 这个账户不是随机的，它是使用创建者的账户以及该创建者的交易次数的组合计算出来的。

GavCoins，允许用户之间互相发送[①]。

```
contract GavCoin
{
  mapping(address=>uint) balances;
  uint constant totalCoins = 100000000000;

  /// Endows creator of contract with 1m GAV.
  function GavCoin(){
      balances[msg.sender] = totalCoins;
  }

  /// Send $((valueInmGAV / 1000).fixed(0,3)) GAV from the account of $(message.caller.address()), to an account accessible
only by $(to.address()).
  function send(address to, uint256 valueInmGAV) {
    if (balances[msg.sender] >= valueInmGAV) {
      balances[to] += valueInmGAV;
      balances[msg.sender] -= valueInmGAV;
    }
  }

  /// getter function for the balance
  function balance(address who) constant returns (uint256 balanceInmGAV) {
    balanceInmGAV = balances[who];
  }

}
```

以下是智能合约的真实示例，你可以在以下位置找到 Indorse ICO 代币的余额。

地址 0xf8e386eda857484f5a12e4b5daa9984e06e73705[②]。

合约上传成功后，就像点唱机一样。当你要运行它时，需要发送一个提供合约需要的信息的交易，然后向矿工支付 gas 来运行它。作为挖矿的一部分，每个矿工都会执行交易，运行智能合约。

成功挖出区块的矿工会将区块向网络的其他用户公布，其他矿工将验证该块，将其添加到自己的区块中，并处理交易，运行智能合约。这就是以太坊的区块链更新的方式，也是各个节点 EVM 同

① https：//en.wikipedia.org/wiki/Solidity.

② 进入网址查看智能合约上的操作 https：//etherscan.io/token/0xf8e386eda857484f5a12e4b5daa9984e06e73705 to see what’s goingon in that smart contract..

步状态的方式。

以太坊智能合约也被称为“图灵完备”。这意味着它们功能完整，可以执行任何其他编程语言中可以执行的计算。

智能合约语言：Solidity、Serpent 和 LLL（Lisp Like Language）

以太坊智能合约最常用的语言是Solidity。有时也会使用Serpent和LLL。这些语言都可以编译成智能合约，并在以太坊虚拟机上运行。

1.Solidity类似于Java Script语言，是目前最受欢迎和功能最强大的智能合约脚本语言。

2.Serpent类似于Python语言，在以太坊的发展早期很流行。

3.LLL类似于Lisp语言，主要用于早期的语言编写中，也是最难写的语言。

以太坊软件：geth、eth、pyethapp

以太坊的三个官方客户端（全节点软件）全部是开源的。你可以看到它们后面的代码并进行调整制作自己的版本。分别是：

•geth[①]（Go语言编写）。

① https：//github.com/Ethereum/go-Ethereum.

•eth[①]（C++ 编写）。

•pyethapp[②]（Python 编写）。

这些都是基于命令运行的程序（黑色背景上的绿色文字），因此想要获得更好的图形界面，就要用别的软件。目前，最流行的图形界面是 Mist（https：//github.com/Ethereum/Mist），Mist 以 geth 和 eth 为基础。也就是说，geth 和 eth 是底层的背景，而 Mist 是运行其上的好看页面。

目前，最受欢迎的以太坊客户端是 geth 和 Parity[③]。Parity 是 Parity Technologies 公司创建的以太坊软件。它也是开源的[④]，并且是用 Rust 语言开发的。

以太坊简史

以太坊是一个非常成功的公共区块链，有大量开发智能合约和去中心化应用的人员，而且十分愿意共享研究成果。下面是以太坊的简短历史事件，以及一些已经走过来的艰难时光。

---

① https：//github.com/Ethereum/cpp-Ethereum.

② https：//github.com/Ethereum/pyethapp.

③ https：//www.parity.io/.

④ https：//github.com/paritytech/parity/.

2013年年底，Vitalik Buterin在白皮书中论述了“以太坊”的概念。2014年4月Gavin Wood博士在黄皮书中进一步阐述了这个概念。自此，以太坊的开发就由一个开发者社区来管理了。

同年的7月和8月，以太坊为开发众筹，其开放式主网于2015年7月30日上线。你可以在此处查看第一个区块：https：//etherscan.io/block/o。

以太坊众筹

2014年7月至2014年8月期间，开发团队通过在线销售ETH代币获得资金，投资者（或其他主语）可以用比特币购买ETH。为了鼓励投资者们早期投资，早期的兑换比是2000ETH ：1BTC，后来一个月时间内逐渐减小到1337ETH ：1BTC[①]。

众筹参与者可以用比特币账户支付，会收到一个包含相应数量以太币的以太坊钱包。技术细节请参阅以太坊博客[②]。

通过这种方式，团队售出了6000多万ETH，共收到了31500BTC，当时价值约1800万美元。团队额外挖出了20%（1200万ETH）用于资助发展以太坊基金会。

① 数字1337意味着“leet”或“elite”，代表黑客精英。

② https：//blog.Ethereum.org/2014/07/22/launching-the-ether-sale/.

软件发布代号

Frontier、Homestead、Metropolis、Serenity，以太坊核心软件版本的名称有点像苹果的OSX版本名称，例如Mavericks、El Capitan、Sierra。

版本名称	详情
Olympic（测试网）	于2015年2月发布，测试发布时，其代币并不是真的以太币。如今，测试网仍然与主活动网络并行，以便开发人员测试代码。测试网与现有网络以相同的方式运行，但其挖矿竞争小，因为测试网代币无法交易，其价值被定义为零值
Frontier	于2015年7月30日发布，是首个可以挖矿、开发、运行合约的在线版本
Homestead	于2016年3月14日发布，更改了某些协议，更加稳定
Metropolis	为了以太坊从PoW过渡到PoS前期准备而设计的，Metropolis分为Byzantium和Constantinople两个阶段。2017年10月，Byzantium在区块捣鼓4370000时成功分叉，它允许私有交易，加快了交易处理速度（对扩展性十分重要），并改进了一些智能合约功能，最明显的变化是减少挖矿奖励，从每区块5ETH降到3ETH。Constantinople升级将会是Metropolis升级的第二阶段，为迈向PoS奠定基础（Casper）
Serenity	未发布，从PoQ转移到PoS（Casper）

以太坊生态系统中的参与者

·以太坊基金会

以太坊基金会是在瑞士注册的非营利性机构，注册名为“Stiftung Ethereum”，旨在：

促进并支持以太坊平台和基础层研究，投入研发和教育，为世界带来去中心化的协议和工具，构建下一代去中心化应用程序（dapps），共同建立一个更加全球化，免费的和更值得信赖的互联网[①]。

基金会的工作是管理以太坊上筹集的预售ETH。主要开销是向核心开发团队支付薪水，同时也资助开发人员解决特定问题。例如，在2018年3月，以太坊基金会资助了那些为以太坊[②]提供了扩展和安全解决方案的人员。以太坊的创造者Vitalik Buterin是基金会的理事，基金会对以太坊的未来发展也有巨大影响。从理论上讲，以太坊参与者（矿工，记账员）不会因为以太坊基金会做出任何改变，但实际上不是这样的。

以太坊企业联盟

以太坊企业联盟是一个非营利性行业组织，成立于2017年3月，其目标是让以太坊为企业所用。从它们的材料来看，很难理解这是

① https：//Ethereum.org/foundation/.

② https：//blog.Ethereum.org/2018/03/07/announcing-beneficiaries-Ethereum-foundaion-grants/.

意味着在商业上使用以太坊公共区块链还是说要调节以太坊代码，使其适用于行业用例。

官网写道[①]：

企业以太坊联盟连接《财富》500强企业、初创公司、行业学者、技术供应商以及以太坊专家。我们将在目前现实世界中唯一支持智能合约的区块链平台——以太坊共同学习和发展，重新定义能够以快速处理最复杂，要求最高的企业级软件学习并创建智能合约区块链，以太坊定义企业，处理最复杂、最苛刻的应用程序，提升业务办理的速度。

通过该网站描述，EEA 的愿景是：

• 成为开源标准，而不是产品。

• 解决企业部署要求。

• 与公共以太坊同步发展。

• 利用现有标准。

不幸的是，我找不到任何进一步的细节来证明其中的含义。联盟的愿景规定：

•EEA 是一家 501（c）（6）非营利性组织。

• 对企业特性和要求很清晰。

• 有健全的管理模型和责任制，了解开源技术的 IP 和许可模型。

• 了解以太坊和利用这项突破性的技术来解决具体的行业

---

① https：//entethalliance.org/.

用例。

它的成员囊括了大规模的公司以及新创公司。发布的成员如下图所示。

启动成员

资料来源：https：//entethalliance.org/

成员每年支付 3000 — 25000 美元的会费。为此，它们可以获得以下好处：

会员权益

权益表	B级	C级
参加者	普通会员	法律执业者
EEA董事会		
指定为投票成员		
可以主持委员会		
可以主持工作组	x	x
可以创建并参与工作组	x	x
可以访问开放代码	x	x
可以参加全体会员会议	x	x
可以主持EEA会面	x	x
EEA网站上有公司徽标	x	x
新会员新闻发布会上提名	x	x
将公司办的活动发布到EEA在线日历	x	x
EEA的赞助打折	x	x
年度会费（美元）	50名员工以下3000/年 51~500名员工之间10,000 /年 501~5,000名员工之间15000 /年	50名员工以下3000/年 51~500名员工之间10,000 /年 501~5,000名员工之间15000 /年

EEA 网站还解释了为什么要加入 EEA：

为什么要加入 EEA?
EEA 是一个行业支持的非营利组织，旨在建立、促进和广泛支持基于以太坊的最佳实践、开放标准和开源参考架构级别的技术，在包括隐私、机密性、可扩展性和安全性在内的各个领域提供研发。EEA 还在研究跨越许可和公共以太坊网络以及特定于行业的应用层工作组的混合体系结构。

根据 Coindesk 的数据[①]，2018 年年初该联盟有 450 名成员。

① https：//www.coindesk.com/enterprise-Ethereum-alliance-pledges-2018-blockchain-standards-release/.

ETH 价格

像比特币一样，以太币的价格也经历了涨跌起伏。以太坊的众筹价格曾经为 2000 ETH：1BTC，而在当时（2014 年 7 — 8 月），1BTC 约合 500 美元，即 1ETH= 0.25 美元。在 2018 年年初的鼎盛时期，ETH 的价格几乎触及 1500 美元。所以，到目前为止，就价格而言，以太坊是一种非常成功的加密货币。

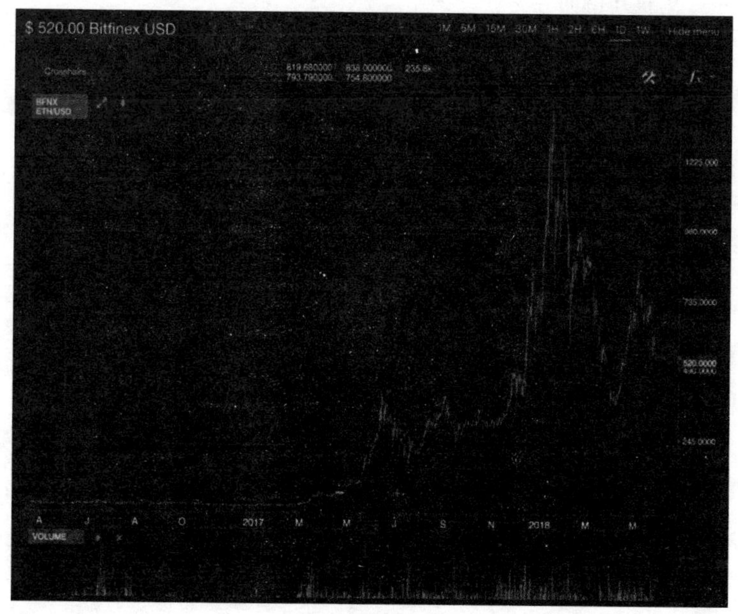

与比特币相比，以太坊还有一个额外的用途。其代币 ETH 常用于首次代币发行。

分叉

什么是加密货币的分叉？当人们使用“分叉”这个词时，意味着两个不同但相关的事物：

1. 代码库的分叉；

2. 区块链的分叉。

这两者的区别在于是否创建一个全新的账本，通过分叉代码库（代码在节点软件后面），分叉区块链创建一个与现有代币共存的新币。我们现在一起探讨以下这两种分叉方式。

代码库的分叉

代码库的分叉是指在复制某个特定程序代码的地方，对代码进行调整或更新。在开源软件中鼓励这样的做法，代码可以与任何人共享。

在加密货币中，如果你运行一个主流加密货币的节点软件（例如 Bitcoin Core），对其进行调整并更改一些参数，然后运行代码创建一个全新的区块链，就可以说你对比特币的代码进行了分叉，创建了新的代币。这就是 2013—2014 年各种各样的竞争币出现的原因。以莱特币为例，复制比特币代码，改变某些参数，包括区块生成的速度和矿工在工作量证明中要计算的难题。

关键是，当你运行新代码时，你将创建一个全新的“空”区块链账本，全新的创世区块。

在流行的开源代码共享平台 GitHub 中，你只需单击几下即可轻松地分叉（复制）项目的代码。然后你就拥有了可编辑的属于你自己的副本。这些代码库分叉是常见的，在开源技术发展中也是值得鼓励的，因为这会带来创新。

区块链的分叉：链裂

区块链的分叉很有意思，更形象的描述是“链裂”。链裂可能是偶然发生的，也可能是人为操作的。

偶然发生的链裂是指，在更新区块链软件时，由于网络遗漏或忘记升级软件，导致产生了许多区块与网络上其余的部分不兼容。根据 BitMEX 的研究[①]，这在比特币历史上发生过几次，分别是在 2010 年、2013 年和 2015 年，三条单独的链分别生成了 51、24 和 6 个区块。因此，即使规则没有变更，社区也没有争执时，分叉也会产生，导致多条链的存在，经常令人混淆。

偶然的链裂往往可以通过以下方式快速解决：一小部分参与者

---

① https：//blog.bitmex.com/bitcoins-consensus-forks/.

完成软件升级并且丢弃不兼容的区块。人为的链裂意味着网络上的部分参与者想要做出一些改变，更改协议规则运行新软件，创建新币与旧币共存。这种具体区块上的链裂需要有良好的计划。成功拆分链后，两种资产都可以继续生存和发展，如果失败或没有足够的参与利益，加密货币的价值会下降到零，并停止开采。

如果想要人为成功分链，你需要在社区公开并同时说服矿工、记账员、交易所和钱包方，证明你的新规则比现有规则更优秀。他们若同意支持你的新币，可创建一个支持新币的社区，使新币可以买卖、存储和使用。当链条分裂时，你就创建了具有不同协议规则的新币，但是新币与旧币共存。链裂前，原区块上有余额的人会有新旧币两个余额。

因此，协议升级与否，分叉成功与否取决于那些选择应用新规则的人：

1. 如果社区大多数人采用了新的协议规则，则称为协议升级，那些不升级的人可以选择维持旧规则；

2. 如果社区几乎没有人采用新的协议规则，则分叉无法生存，最终失败；

3. 如果社区有足够多的人采用新的协议规则，维持社区和利益，那就是一个成功的分叉。

成功的“人为分叉”结果是什么

结果就是，那些有旧币的人在拥有旧币的基础上，还会加上相同数量的分叉新币。

快速类比：假设你通常乘坐一家名为 CryptoAir 的航班，积累了 500 点积分。现在想象一下 CryptoAir 的部分员工离开这家公司，创建了属于自己的独立航空公司 NewCryptoAir。他们拿了一份客户列表，记录了每个客户的积分。现在你在 CryptoAir 有 500 积分，在 NewCryptoAir 也有 500 积分，但是不能将你的 NewCryptoAir 积分用于 CryptoAir，反之亦然，因为它们不兼容。如果你随后花费了一家航空公司的积分，它不会影响你在另一家航空公司的积分。你的旧 CryptoAir 积分仍然有效。而你的新 NewCryptoAir 积分将需要重新累计。虽然不是一个完美的比喻，但我认为还是有帮助的。

如果分叉成功前，有人拥有 100 个加密货币，那分叉后，他们“把钱翻了一番吗”？从某种意义上来说，是的，他们拥有的代币数量翻了一番，因为他们现在有 100 枚旧币和 100 枚新币，他们可以独立花费。在现实中，他们的钱还没有翻倍，因为这两种新旧代币具有不同的法定货币值。旧货币往往会保持其法定价值，而新币的价格会在交易所浮动，通常会以较低的价格开始交易。

媒体描述

分叉，或者说链裂，媒体通常形容为“股票分割”。这不是一个好的类比，因为在股票分割中，将创建更多股票并将其分配给股东，但新旧股份均代表同样的事物。加密货币的链裂不是这种情况。“分拆”可能更加准确，因为分拆后，旧公司的股东可以获得新公司的股份。这类似于分叉的旧币拥有者也将获得具有不同规则的新币。

硬分叉与软分叉

硬分叉和软分叉是指对构成有效交易和区块的规则进行更改。

软分叉是向前兼容的，这意味着在新版本规则的区块也会被旧版本参与者视为有效。硬分叉不向前兼容，因此如果某些参与者升级失败，将会出现断链。实际上，如果对协议规则的更改严格要求，就会出现软分叉，而如果放宽规则，那么就会出现硬分叉。

案例研究 1：比特币现金

Bitcoin Cash[①] 是（当前）成功的比特币硬分叉。比特币现金和比特币（有时称为比特币核心以减少歧义）在区块高度 478558 分叉出现之前，都是同时存在的。

① https：//www.bitcoincash.org.

比特币现金的原理（或用“精髓”之类的词）更精准地体现在Satoshi白皮书中反映的愿景：快速、便宜、去中心、抗审查、数字现金。比特币现金的支持者认为比特币核心并没有朝着这个愿景前进。

到目前为止，比特币现金被认为是成功的，因为有主流钱包软件的支持和接受，它以BCH为代币在加密货币平台进行交易。

案例研究2：以太坊经典

以太坊经典是（目前）以太坊的成功分叉。正如我们先前所见，它是在DAO被黑客入侵损失了超过500万美元的ETH后创建的。当时，以太坊社区在讨论该如何解决这一问题，大部分的人同意在区块高度1920000时硬分叉，将被黑掉的ETH恢复到原始持有人手中。

但是社区少部分人认为这种恢复是人为修正和违反以太坊原则的，因此他们拒绝硬分叉。所以他们继续在原始的区块链上操作、盗窃，等等。所以从某种意义上说，以太坊本身就是分叉，因为它有附加的代码能消除DAO黑客攻击，以太坊经典才是原始的以太坊。但是因为以太坊经典只得到了少数人的支持，才被视为分叉。

以太坊经典以ETC为代币在加密货币市场交易，并且受到大量钱包的支持。

其他分叉

分叉是大势所趋。因为在已有经验的基础上创建比从头开始构建东西要容易得多，并且加密货币倾向于开源，所以复制代码，进行调整，然后运行是合法操作。建立分叉区块链的社区也比构建新的区块链社区更容易。在原始链上的余额也会转移到新链的钱包中，所以账户有余额的用户会更愿意支持分叉，而非一条新的空白链。

比特币现金成功分叉，并保留了货币价值，这激发了许多模仿者竞相尝试。但是，加密货币世界的能量有限，而且现在也有些“分叉”疲劳。所以有评论员预测，未来会出现很多失败的分叉。

第五章
区块链技术

什么是区块链技术

我经常会看到“区块链技术”或“区块链”这两个词，不过这可能会造成混淆，因为不同的人使用该词来表达不同的含义，例如纯粹主义者对这个词的理解就与“通才主义”[1]者不同。伦敦大学学院区块链技术中心研究员安吉拉·沃尔奇（Angela Walch）在她2017年的论文《通往区块链词汇（和法律）之路》[2]中对该词汇做出了绝佳的注释。总的来说，与外行撰写文章的记者相比，技术人员和计算机科学家们的用语往往更加精确。在本章中，我将对区块链技术做广泛的概述，然后解释其中一些细微差别。

首先，你应该了解，“区块链”一词并没有严格的定义，正如“数据库”“网络”一样。ETH来自以太坊区块链——公共的以太坊交易数据库。你也可以通过在一些机器上运行某些节点并使它们彼此相连，来创建私有的以太坊区块链。

你的私人以太坊网络将创建自己的区块链，然后矿工也可以像在公共网络中一样开采ETH。因为你的私有以太坊网络与公开版本有不同的历史记录，因此你的私人ETH无法与公共ETH兼容。

① 提倡什么都应该懂一些的人，与专才相对。

② https：//papers.ssrn.com/sol3/papers.cfm？ abstract_id=2940335.

如果你看到“区块链”这个词，需要去猜测作者想表达的意思。

在对话或是牵涉到学术领域，如果你能早点问清楚“哪个区块链平台”“是公共的还是私人的”，能更好地帮助理解。你现在应该知道了，市场上存在许多区块链，且每一个的运作方式都有些许差异。

如果你喜欢架构学，可以理解为区块链属于一种分布式账本。所有的区块链均为分布式账本，但并非每一个分布式账本都会将数据打包成区块链连在一起然后传播给所有的参与者。有时，记者们在描述非区块链分布式账本时会错误地使用“区块链”一词。我猜想可能是“分布式账本”实在太普遍了，而“区块链”是一个令人印象深刻的流行词。

我们需要区分区块链技术及特定的区块链分布式账本。

区块链技术是分布式账本创造和维持的标准和规则。不同的技术具有不同的参与规则、不同的网络规则、创建事务的不同的规范、不同的数据存储方法及不同的共识机制。刚开始创建网络时，区块链或分布式账本都没有交易，就像新的皮革账本是空的一样。这里有一些区块链技术的例子：比特币、以太坊、NXT、Corda、Fabric和 Quorum。

区块链分类账本身是包含各自交易或记录的特定分类账实例。随便想一个普通的数据库。你也许听说过很多种数据库，例如：甲骨文数据库、MySQL 数据库。虽然每种类型的运行方式稍有不同，但目的大致相同：为了对数据进行有效存储，一个公司可能会使用多个甲骨文数据库，区块链也是如此。一些区块链技术以一种方式运行，另一些以稍微不同的方式运行。在记录分类账时，有很多不同类型的区块链技术。

公共的、无需授权的区块链

我们已经了解到，加密货币及其他一些代币运用公共区块链作为它们的记录媒介，也就是说，它们所有的交易都记录在一个可复制的总账本的区块中。公共区块链也成为无需授权的区块链，因为任何人创建区块或者管理区块均无需官方授权。就公共网络而言，这也有另一层含义：任何人都可以创建一个地址用来发送或接收资金。

公共区块链的私人应用

就如同前面所提及的，你可以在私人网络中运行区块链软件并创造出新的分布式账本。例如，你可以去运行以太坊区块链代码，将节点分配给不在公共以太坊网络上的计算机。对于这些计算机而言，它们都是从没有任何条目的全新分布式账本开始的。

你可以用私人网络运行以太坊区块链然后采出一些 ETH 再将它们转到公用网络吗？答案是不行！虽然这个私人网络可以使用

公共网络上的规则来运行，但它们的记录完全不同。每个网络上的节点只能验证它们在自己的区块链中的内容，而不能验证另一个区块链的内容。

需授权的区块链

一些平台旨在允许参与者在私有网络中创建自己的区块链，这些区块链被称为“私链”或“联盟链”，它们的设计仅允许预先批准的参与者参与，所以才会将它称为“需授权的区块链”。

比较流行的需授权的区块链包括：

1.Corda，一个由 R3 和一些银行财团构建的平台，供受监管的金融机构使用，但具有广泛的适用性。

2.Hyperledger Fabric，是由 IBM 创建并捐赠给 Linux 基金会的 Hyperledger Project 的平台，它最初主要基于以太坊设计，但在 0.6 版本到 1.0 版本进行了重新设计。Fabric 使用“渠道方”的概念来限制参与者查看所有交易。

3.Quorum，是由 JP Morgan 创建的基于以太坊区块链的私人区块链，使用领先的加密技术“零知识证明”来加密数据和保护隐私。

4. 个别企业正在开发的各种以太坊私链实例。

不同于无需授权的区块链（比特币区块链、以太坊），需授权的区块链不需要原生代币。它们不需要激励区块创造者，也不需要工作证明作为参与者参与记录账本的门槛。当交易发生时，交易数据会被可信的参与方同意和签字。在传统的业务生态系统中，所有参与方都是经过认证的，如果某些参与方行为不当，可以对其提起诉讼。当参与方通过认证并达成法律协议，其技术环境并不需要像公共区块链一样严格。在公共区块链里，代码是法律，没有服务条款或法律协议。一些加密货币的支持者认为，需授权的私人区块链（以下简称“私链”）在某个程度上比不上公共的区块链（以下简称“公链”）。一个常用的类比为：公链就如同互联网一样，开放、免费，且无需授权，而需授权的私链就如同内部网络（内联网），因为它们是封闭的。言外之意当然是公链会非常成功且会有很大的影响力，而私链没有什么冲击性或颠覆性[①]。

然而事实是，内联网非常成功。很难说任何一个公司不使用自己的网络。但是，理解互联网是开放的且无需授权的也一样重要。就如同 Tim Swanson 在他的博客发表的一篇名叫“内联网和互联网”所写的[②]：

互联网实际上是由一堆互联网服务提供商（ISP）的专用网络组成的，这些服务提供商与用户具有法律协议，通过与其他 ISP 的“对等”协议进行合作，并通过通用的标准化协议（例如发布自

① 在科技与创新中，成功往往意味着颠覆。但是，其实有很多通向成功的途径。通过创建逐步改善公司日常业务的技术，同样可以取得成功。

② http：//www.ofnumbers.com/2017/04/10/intranets-and-the-internet/.

治协议的 BGP）进行通信。

事实上，公链和私链是不同的工具，它们用来解决不同的问题并且可以共存。在一篇 2015—2018 年的新闻中，区块链技术被广泛定义为“一个支撑比特币的技术”。这种说法就是把这两个工具融合在了一起，像将数据库定义为“推动 Twitter 的技术”一样具有启发性。

如同前文所言，公链和私链存在于不同的系统与环境中，它们用来解决不同的问题，所以它们的操作方法也有所差异。科技只是一个工具，工具是来解决需求的。如果需求不同，工具也极有可能不同。

区块链技术有什么共同点

区块链通常包含以下概念：

1. 一个记录数据变化的资料库。尽管迄今为止，记录的通常是财务交易，但也可以用它来记录和储存任何资料。

2. 跨系统实时复制存储数据。比特币和以太坊等“广播”区块链可确保将所有数据发送给所有参与者：每个人都能看到一切。其他技术对数据的发送更具选择性。

3. “点对点”而不是“客户端—服务器”的网络架构。你的数据可以由你直接发送给你的邻居，而不通过数据中心。

4. 加密算法。例如用数字签名，来证明所有权和真实性，哈希用于数据写入。

我常将区块链技术描述为“科技的集合体，有点像一袋乐高”。你可以从袋子中拿出不同的乐高并按照不同方式将它们组合起来做出不同的结果。

当我们在探讨某个技术在特定用途方面的潜能时，经常会听到：

“但你并不需要区块链去做这件事！你完全可以用传统的方法去做！”

“那你会怎么做？”

“就用一些数据管理器、一些点对点的资料共享、一些加密技术以确保它的真实性、用哈希来检验一下……”

“但你刚刚所说的就是用区块链技术做的呀！”

区块链本身并不是一项新技术，而是将现有技术组合在一起，从而产生了新功能。

区块链和普通数据库有哪些不同

一个普通的数据库是一个储存和检索数据的系统，但区块链平台不只如此。区块链平台既能够像普通数据库一样存储和检索现有数据，它还连接到其他方，收录新数据，根据预定的规则验证新数据，然后将新数据存储并广播给其他网络参与者，以确保他们共享相同的更新数据。而且它不停地在这样做，无需人工干预。

分布式数据库和分布式账本有哪些不同之处

可复制数据库，即能将数据实时复制到多台计算机上的数据库，这并不是什么新鲜事物。分片的数据库（用于分担工作负载将数据分散存储在多台计算机上，通常是为了提高速度和加强储存能力）也不是新鲜事物。但是，使用分布式账本或区块链，参与者无需彼此信任。他们不需要以其他参与者都诚实地行事为前提，每个参与者都可以单独检查所有内容。

理查德·布朗（Richard Brown）在他的博客[①]曾如下描述这个信任边界的差异：

① https：//gendal.me/2016/11/08/on-distributed-databases-anddistributed-ledgers/.

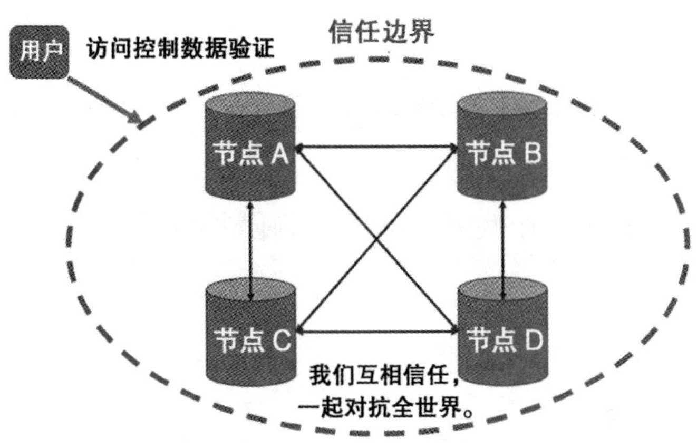

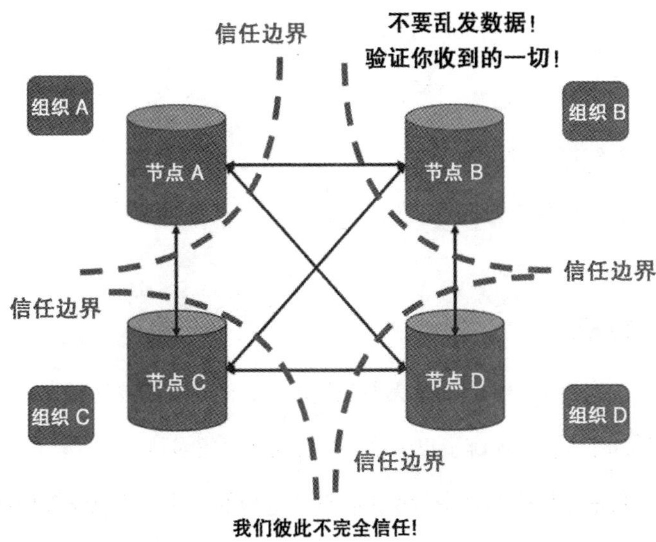

（上图是分布式数据库，下图是分布式账本）

区块链的优势有哪些

公链和私链的创建动机不同，让我们分开探讨！

公链

迄今为止，公链在以下领域的应用相当成功：

1. 投机；
2. 暗网市场；
3. 跨境支付；
4. 首次代币发行。

投机

加密货币的主要用途无疑是投机。它们的价格波动很大，在交易它们时，有些人赚了很多钱，也有人亏了很多钱。

目前还没有对加密货币进行确切定价的方式，这意味着价格可能会在一段时间内保持波动，这不同于传统金融市场。在传统金融市场中，定价模型有助于将价格限制在大家都能理解的范围内，股票具有完善的定价方法，即现金流折现，账面价值和市场价值都可以计算，可以帮助建立公司价值的共识。诸如每股收益、市盈率和资产回报率之类的比率可以帮助比较相似公司之间的股价。法定货币基于可比经济数据进行交易。其他的传统金融资产也有其他标准化的定价方法。但是到目前为止，我还没有看到对加密货币定价的可靠方法。不过这正在发生变化，随着行业逐渐成熟，定价模型也在不断被探索，但是要使这些定价模型被广泛接受还需要一些时间。

暗网市场

加密货币已成功用于从地下市场购买商品。

不幸的是，某些加密货币正成为非法活动的好帮手。2015 年，来自美国缉毒局（DEA）和美国特勤局的两名美国联邦特工试图在对“丝绸之路”毒品市场进行秘密调查的同时为自己谋取私利。也许他们认为比特币是匿名的且无法追踪。据称，他们在各种方式掩护下，盗窃、贿赂、勒索并收取收益，最终被指控洗钱和欺诈。以下是美国司法部发布的新闻摘要[①]：

巴尔的摩的 46 岁缉毒局特勤人员 Carl M. Force 及马里兰州的

① https：//www.justice.gov/opa/pr/former-federal-agents-charged-bitcoinmoney-laundering-and-wire-fraud.

32 岁特勤局的特勤人员 Shaun W. Bridges，他俩均被派至巴尔的摩的“丝绸之路”小组，这是一个专为调查名叫“丝绸之路”的违法交易市场的小组。Force 是一位卧底探员，他的任务是与调查目标 Ross Ulbrich，又名 Dread Pirate Roberts 建立联系。Force 被以电汇诈欺、窃取政府财产、洗钱及利益冲突起诉。

根据起诉书，Force 是一位被缉毒局派去调查“丝绸之路”毒品市场的探员。在调查期间，Force 参与一些未经许可的卧底任务，例如：和调查目标 Dread Pirate Roberts 通过网络联系。起诉书指称 Force 在未经许可的情况下从事使自己从中获利的非法交易，Force 通过虚构人物参与比特币交易来窃取政府及调查目标的钱。此外，Force 宣称自己收到的比特币是调查经费的一部分，自己忘了申报，但这笔钱最后却汇入了他自己的私人账户中。在一笔交易中，Force 宣称自己将政府的调查资料卖给调查目标。起诉书还指控 Force 在美国缉毒局工作期间投资了一家电子货币交易所并为之工作，而他经常毫无法律依据指使公司冻结客人的账户，并将该笔金额汇入自己的私人账户中。更甚者，Force 还将无认证的法律传票寄给一家网络付款公司解除冻结自己的私人账户。

据称，Bridges 将超过 800000 美元的数字货币转移到他的个人账户。

起诉书称，Bridges 将这些资产放在一个 Mt. Gox 的账户中（如前文所述，Mt. Gox 是一个位于日本且现在已倒闭的数字货币交易所）。据称他在扣押令前几天，将 250 万美元从他的美元账户中汇到了 Mt. Gox 的账户。

在 2015 年 7 月 1 日，Force 对于洗钱、欺诈、窃取政府财产、妨碍司法及敲诈勒索罪名供认不讳。在 2015 年 8 月 31 日，Bridges 承认其在这次的案件中偷了 80 万美元的比特币并且对洗钱及妨碍司法罪名认罪[①]。

我们应从中学到，不要用比特币来从事非法交易或募集非法资金。

跨境支付

虽然使用加密货币作为法定货币跨境支付的工具取得了一定程度的成功，但是仍然受到很多限制。我在 2014 年做了个试验，当时我用了三种方法在新加坡将 200 美元寄给我的印度尼西亚朋友[②]：西联汇款、银行转账和比特币。不过当时，用比特币的方式带来的用户体验最糟糕，也是最昂贵的。但是，从那时起，比特币变得越来越有用，我希望它会继续改善。

比特币转账的核心问题是，在常规的法定货币之间的汇款中，无论是通过金融服务机构（例如 Western Union）还是银行系统，都

---

① https：//www.justice.gov/usao-ndca/pr/former-secret-service-agent-pleads-guilty-money-laundering-and-obstruction.

② 以印度尼西亚盾的身份到达。

只需进行一次货币兑换。然而使用加密货币，需要进行两次兑换：先把法定货币兑换成加密货币，然后将加密货币兑换成法定货币。这意味着更多的步骤、更大的复杂性和更高的成本。

起初，跨境支付被视为比特币及加密货币的杀手级应用，尤其在 2014 年和 2015 年。但到了 2018 年，很少有媒体关注加密货币的这个特殊的用途了。不过 2018 年 6 月，美国的转账机构西联汇款宣布它们对 XRP（瑞波币，一种用于银行间付款的加密货币）转账进行为期 6 个月的测试，但这个测试尚未产生任何结果[①]。在 Gartner 提出的技术炒作周期[②]中，该行业可能正处于“泡沫化的低谷期”。

首次代币发行

（略）

其他

一些商家使用加密货币支付处理器来接受来自客户的加密货币支付。在 2014 年和 2015 年，对于商家来说，这是一种非常好的噱头而且很便宜。但是此后，由于客户缺乏兴趣，许多商家悄悄取消了该付款机制。

我还看到一些公链被用于特定目的的案例，例如，将某些数据

① http：//fortune.com/2018/06/13/ripple-xrp-cryptocurrency-western-union/.

② https：//www.gartner.com/technology/research/methodologies/hype-cycle.jsp.

的哈希值存储在区块链上以证明某些数据在某个时间点确实存在。不过还没有证据表明这将被广泛应用。

批评加密货币的人通常声称它们广泛被用于洗钱。虽然的确有一些非法组织使用加密货币进行洗钱，但他们也用法定货币进行洗钱，在现阶段很难说出加密货币交易中有多大一部分用于此目的，以及全球通过加密货币进行洗钱的比例是多少。对于严重的有组织犯罪，我认为加密货币市场太小且缺乏流动性，无法满足其需求。大型企业、高价值钞票，甚至银行更有可能成为大多数洗钱活动的首选工具。

私链（或联盟链）

尽管公链中有抗审查的加密数字货币，但它们无法解决传统企业所遇到的问题。现有商业面临哪些挑战？公链引申出的一些概念将如何帮助改善其运作方式？

企业与企业的沟通

随着时代的进步，通过使用内部系统、工作流程工具、内联网和数据库，企业内部的沟通越来越高效。但是，公司之间沟通方式的技术含量仍然很低。尽管在某些特殊情况下，我们使用 API（应用程序编程接口）用于机器对机器的通信，但是在大多数情况下，我们依赖于电子邮件或 PDF 文档。世界各地仍然普遍使用湿墨水签名。

数据、流程、对账重复

企业只信任自己的数据，不信任其他任何人的数据。这意味着企业的生态系统中会有数据和流程重复。电子文件及其记录通常在多个组织之间复制，没有一个是黄金源头。除非向充当黄金源头的第三方购买服务，否则控制不同版本的文件及其记录非常麻烦（和平协商只能解决一部分痛点）。

以 A 公司向 B 公司开的电子发票为例。该发票是由 A 公司某个人创建或签署的 PDF 文件，然后由应收账款部门将副本发送给 B 公司。B 公司的某人的电子邮件收件箱收到该副本，并保存在硬盘驱动器上，然后再转发给其他人（可能是他们的经理）来签名，然后又会产生一个副本并被发送到应付账款部门。支付该发票后，每个人都需要同步更新。这个发票可能有十个或更多副本存在各台计算机上，但没有一个能保持同步。当发票的状态从“未付款”变成“已付款”时，副本并不会发生任何改变。

私链

可想而知，公司对那些由公链衍生出的概念十分感兴趣，例如：独特的数字资产，可信的自动化系统和加密保护的分类账条目。但是，公链的透明性对需要保持一定商业秘密的公司来说没有吸引力。

私链的灵感来自公链，其目的是满足业务需求。它们采用公链中的某些概念，但机制又和公链不完全相同。由于不采用公链那种无需授权、抗审查的机制，私链不需要诸如工作量证明参与挖矿之类的共识机制。

有些技术受公链启发，有链但是没有区块！更准确地说，它们应该被称为“分布式账本”。Corda 作为一个由 R3 及一群银行所建立分布式分类账平台，是一个开源平台。它使用了公链中的许多概念，但并未将交易打包成块，在整个网络中进行批处理和广播，只有涉及该交易的企业才能看到它，这样可以解决一些隐私问题。

使用哈希链的区块链和其他类似数据结构的一个主要好处是，各方可以知道自己的声明是完整的（无任何遗漏），并且声明本身是完整且不受篡改的。每一方都可以自行验证，而不必与另一方确认。这在很多业务中都很有用，尤其对需要知道交易清单、交易数据都与交易对手完全一致的银行来说。

私链旨在利用技术提高企业与企业通信的质量和安全性。它允许独特的数字资产在公司之间自由可靠地流动，而无需第三方记录。私链可以智能合约的形式提供透明的多边工作流程，并证明任何一方遵守了约定的工作流程。这就是“自动去信任化”。智能合约可确保遵循预编程的流程，而不需要企业信任才能按协议执行。

每当企业与另一企业沟通共享工作、流程或资产时，私链就可能有用。并且在企业几乎所有时间都有用！大多数企业都不是完全独立发展的，它们需要与其他企业互动。金融服务行业是第一个投资、了解和使用此技术的行业，特别是在批发银行和金融市场中。这是理所当然的，因为该行业主要业务是充当企业与企业的业务交流的第三方及数字资产，而且作为“后勤部门”数十年来未获得重大投资。也许比特币被描述为一种加密货币这一事实也引起了银行的兴趣。

让我们回到前文电子发票的例子。如果发票记录在某种账本上，且在双方公司之间保持双向同步，一旦批准、签署或付款，双方都会知道，这可以简化许多业务流程。这种方法可以推广到任何文档、记录或数据，可以简化许多业务流程。

当然，如果可以使用一个第三方来存储数据并使其成为黄金源头，那么许多企业对工作流程都可以数字化和自动化。这在现实中已有先例，比如 SWIFT 和 Bolero。但是在很多情况下，这种第三方方式不大可行，要么是因为每个人都想成为第三方，要么是没人愿意成为第三方，或者是出于监管或其他原因阻止第三方的出现。特别是工业行业，可能会对单方的权利和控制持怀疑态度，并且会担心由此而产生的垄断行为。一旦数据泄露或滥用，会带来非常大的影响。因此，由于以上种种原因，第三方明显不是一个理想的解决方案。

非金融行业现在对探索用于数字身份、供应链、贸易融资、医疗保健、采购、房地产和资产注册的技术很感兴趣。

有一些私人或需要许可才能加入的区块链正在获得人们的关注和重视。以下是当前一些例子：

Axoni AxCore

Axoni 是一家成立于 2013 年的科技公司，专注于分布式账本及区块链基础设施。在所有项目中，Axoni 的明星项目是利用其技术升级美国存托凭证与清算公司的贸易信息管理系统①。

R3 Corda

Corda 是一个开源区块链项目，旨在解决金融服务行业的痛点。它是由银行和 R3 的一些财团设计，我对此也非常感兴趣。用 Corda 的首席技术官理查德·布朗的话说②：

Corda 是一个开源的企业区块链平台，创建它的目的是使合法合同和其他共享数据能够在任何行业及互不信任的组织之间进行管

① http：//www.dtcc.com/news/2017/january/09/dtcc-selects-ibm-axoni-and-r3-to-develop-dtccs-distributed-ledger-solution.

② https：//axoni.com/technology/.

理和同步。在企业区块链平台中，Corda 独一无二的一点是允许全球多个应用程序在单一的全球网络内进行互操作。

Corda 有两个显著特点：一是它采纳了比特币和公链中的部分概念，以此来确保数字资产是唯一的；二是确保数据在不同方控制的数据库之间是同步的。尽管它与其他区块链有所不同（因为它不会将网络中无关的交易打包并分发给所有参与者），但这也意味着它可以处理更大的交易量并解决公链的隐私问题。尽管 Corda 最初是为受监管的金融机构设计的，但其他行业也在积极探索其应用。

除此之外，Corda 还被用于金融资产的交易篮[①]、黄金交易[②]、银团贷款[③]和外汇交易[④]。

数字资产平台 GSL

Digital Asset Holdings（DAH）成立于 2014 年。据维基百科[⑤]，数学资产平台 GSL 为受监管的金融机构打造的产品，例如金融市场

① https：//www.hqla-x.com/hqlax-selects-corda-for-collateral-lendingsolution-in-collaboration-with-r3-and-five-banks/.

② https：//www.bloomberg.com/news/articles/2018-05-07/-cryptolandiablockchain-pioneers-take-root-in-hipster-brooklyn.

③ https：//www.finastra.com/news-events/press-releases/finastras-fusionlendercomm-now-live-based-blockchain-architecture.

④ https：//www2.calypso.com/Insights/press-releases/calypso-r3-and-fivefinancial-institutions-develop-trade-matching-application-on-corda-dltplatform.

⑤ https：//en.wikipedia.org/wiki/Digital_Asset_Holdings.

基础设施提供商、CCP、CSD、交易所、银行、托管机构及其他市场参与者。

DAH 签订了一份大合同，利用 DLT 对澳大利亚证券交易所的技术系统进行改进①。这为 DAH 及整个私链行业增强了信心。

超级账本

超级账本最初是一种由 IBM 和 Digital Asset 共同开发的区块链技术，并在 Linux 基金会的 Hyperledger Project 下进行开发。它主要在供应链和医疗保健方面具有吸引力。

摩根大通 Quorum

Quorum 是一个基于以太坊区块链、最初由摩根大通开发的区块链技术平台。它非常有趣，因为它使用一种叫作零知识证明的高级密码技术来保护交易数据。2018 年 3 月，《金融时报》报道，摩根大通正考虑将该项目分拆成单独实体②。

① https：//sjm.ministers.treasury.gov.au/media-release/128-2017/.

② https：//www.ft.com/content/3d8627f6-2e10-11e8-a34a-7e7563b0b0f4.

区块链技术实验

很多初创企业和现有企业都宣布了许多使用区块链技术的实验，通常将它们描述为“用例”，该术语乐观地暗示着区块链将是解决所描述的特定问题的良好用法。由 Peter Bergstrom[①] 整理的区块链技术实验反映了人们在区块链技术使用的选择上有所变化。

① https：//www.linkedin.com/feed/update/activity：6257098564841852928/.

区块链用例行业列表

金融
贸易
交易发起
新有价证券的公开募股
股票
固定收入
购票
衍生品交易
总收益互换
r° 代衍生产品
争取零中间职位的竞赛
抵押品管理
定居点
付款
价值算法转移
了解你的客户（KYC 开阔市场）
反洗钱
客户和产品参考数据
众筹
F2P 贷款
合规报告
贸易报告和风险可视化
博彩与预测市场

保险
索赔备案
MBS / 物业付款
索赔处理与管理
欺诈预测
远程信息处理和评级

媒体
数字版权管理
游戏货币化
艺术认证
购买和使用情况监控
购票
粉丝追踪
减少广告点击欺诈
转售真实资产
实时拍卖和广告展示位置

计算机科学
工作的微型化（支付算法推文广告点击等）
支付工作身份
直接向开发者付款
平台发挥
公证与认证
存储和计算共享
DNS

医疗类
记录共享
处方共享
合规
个性化医学
DNA 测序

资产标题
钻石
高端品牌
汽车租赁与销售
房屋按揭及付款
土地所有权 S
数字资产记录

政府
投票
车辆登记
WIC, 兽医， SS, 收益，分配
许可证标识
版权

身份
个人
物品
各类物品
多因素验证
难民追踪教育与徽章购买
和评论跟踪
雇主和雇员评论
运输与物流管理

物联网
设备到设备付款
设备目录
运作方式
电网监控
智能家居和办公室管理
跨公司维护市场

付款方式
小额付款（应用程序，402）
B2B 国际汇款
税务申报与征收
重新思考钱包和银行
版权

消费者
数码奖励
优步，AirBNB,Apple Pay
跨公司，品牌，忠诚度跟踪
供应链
动态农业商品定价
实时拍卖供应货物
药物追踪与纯度
农业食品认证
运输与物流管理

这里还有一个 Matteo Gianpietro Zago① 制作的精美信息图：

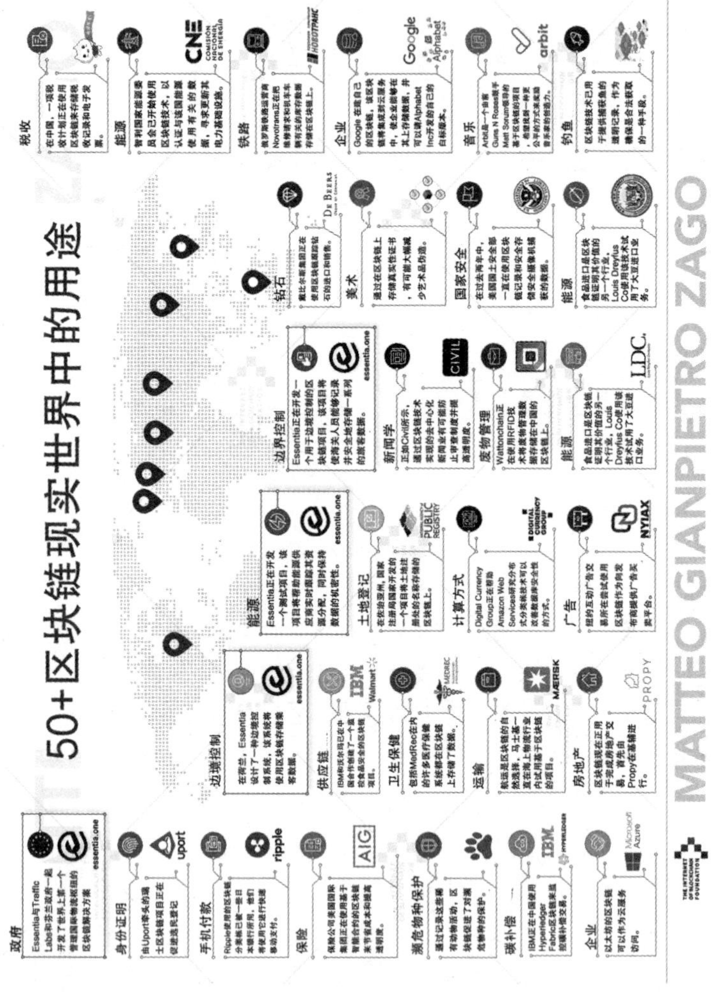

① https：//medium.com/@matteozago/50-examples-of-how-blockchainsare-taking-over-the-world-4276bf488a4b.

这些例子都曾误导了很多主流媒体，主流媒体对此进行大肆炒作，但它们不是实际用例，只是将区块链技术应用于各种行业或业务工作流程的实验。

电脑用例：挡门

正如你可以使用电子表格软件整理数据一样，你几乎可以在任何涉及数据的业务下使用区块链。毕竟，区块链是具有一些附加功能的数据库。我认为，这些实验中有许多都无法实现预期的收益，因此可以使用更合适的软件和工具，有些可能会成功并受到关注。

尚不清楚哪些过程的改善需要通过技术还是只需改善业务流程，不过这很重要。在许多情况下，一个项目可能不需要用到区块链，但是使用区块链可能会引发兴趣和管理热情，甚至本来一个无法获得预算的旧的数字化项目可能因此获得预算。我觉得这样很好，在这种情况下，我认为过程比结果重要。如果不进行任何宣传以激发想象力，那么用于创新的资金就更少了，因此潜在的创新也就更少了。

需要问的问题

使用区块链技术的尝试如此之多，你如何试图在这些实验中了解区块链技术的用途和价值？

有些问题可能会有用。之前我们问过“哪个区块链平台？”和“是公共区块链还是私有区块链？”这里还有一些其他入门问题。

以下内容对于理解公链很有帮助：

- 节点由所有参与方运行还是只是一些可信方？
- 如果区块链发生拥堵，会对用户产生什么影响？
- 该项目将如何处理分叉及侧链？
- 如何保护数据隐私？

• 运营者将如何遵守不断发展的法规？

对于私链，了解以下内容很有用：

• 谁将运行这些节点？为什么是他们？

• 谁会写入区块？

• 谁将验证区块？为什么是他们？

• 如果这是关于数据共享的，为什么不使用 Web 服务器？

• 是否有每个人都信任的中央机构？如果有，为什么不用？

对于任何类型的区块链：

• 区块链上代表什么数据，链下代表什么数据？

• 代币代表什么？

• 当代币从一方转移到另一方时，这在现实生活中又意味着什么？

• 如果私钥丢失或被复制会怎样？这可以接受吗？

• 各方是否对通过网络传递的数据感到满意？

• 如何管理升级？

• 区块里有什么？①

根据项目的不同，有一些问题可能比这些问题更重要。一些解决方案可能来自网络范围的创新。例如，公链目前可能会变得拥挤，但是诸如支付渠道之类的创新可能会实现更高的吞吐量。根据项目，还有许多其他问题要问。

① 对 Dave Birch（www.dgwbirch.com）提出的这些普遍问题表示特别感谢。

重点是，你不应以面面俱到的方式让媒体喘不过气来，而应采取更具调查性的方法来发现这些实验中是否有价值。在创新周期阶段，诚实的“我不知道”是其中一些问题可接受的答案，并且要了解析中方案，而不是立即对解决方案做出判断，这一点更为重要。

图书在版编目（CIP）数据

秒懂区块链 / 彭程, (新加坡) 安东尼·路易斯著
. — 北京 : 台海出版社, 2021.10
ISBN 978-7-5168-3082-6

Ⅰ. ①秒… Ⅱ. ①彭… ②安… Ⅲ. ①区块链技术
Ⅳ. ①TP311.135.9

中国版本图书馆CIP数据核字(2021)第155859号

秒懂区块链

著　　者：彭　程　　〔新加坡〕安东尼·路易斯

出 版 人：蔡　旭
责任编辑：俞滟荣

出版发行：台海出版社
地　　址：北京市东城区景山东街 20 号　邮政编码：100009
电　　话：010-64041652（发行，邮购）
传　　真：010-84045799（总编室）
网　　址：www.taimeng.org.cn/thcbs/default.htm
E-mail：thcbs@126.com

经　　销：全国各地新华书店
印　　刷：北京金特印刷有限责任公司
本书如有破损、缺页、装订错误，请与本社联系调换

开　　本：880 毫米 ×1230 毫米　1/32
字　　数：198 千字　印　　张：9.5
版　　次：2021 年 10 月第 1 版　印　　次：2021 年 12 月第 1 次印刷
书　　号：ISBN 978-7-5168-3082-6

定　　价：59.00 元